Hans Bergmann / Karola Bergmann
Uwe Bergmann / Renate Teifke

535 Mathematik Textaufgaben

5. – 8. Klasse

535 Mathematik Textaufgaben
5. – 8. Klasse

Autoren:
Hans Bergmann, Karola Bergmann,
Uwe Bergmann, Renate Teifke

1. Auflage 2007 (1,01)

Einbandgestaltung: Petra Wöhner, Stuttgart
Zeichnungen: Andreas Florian, Lübeck,
Sven Palmowski
Satz: Schnitzer-Druck, Korb,
Steffen Hahn GmbH, Medienservice, Kornwestheim
Druck: medienHaus Plump GmbH, Rheinbreitbach
Printed in Germany
ISBN 978-3-12-920000-1

Hans Bergmann / Renate Teifke

Mathematik

Textaufgaben

5./6. Schuljahr

Inhalt

1 Rechnen mit Größen

Geldwerte

In diesem Kapitel 1 kannst du wiederholen, wie man Geldbeträge, Längenangaben und Gewichte verwandelt, mit und ohne Komma schreibt und mit ihnen rechnet.

Tipp Will man mit **Kommazahlen** rechnen, so verwandelt man sie entweder in eine kleinere Einheit ohne Komma oder rechnet gleich mit Komma.

Beispiel

Addieren: 34,78 € + 0,46 € + 8,09 €

ohne Komma:

```
  3478 ct
+   46 ct
+  809 ct
---------
  4333 ct = 43,33 €
```

mit Komma:

```
  34,78 €
+  0,46 €
+  8,09 €
---------
  43,33 €
```

Multiplizieren: 56,89 € · 23

ohne Komma:

```
5689 ct · 23
------------
  11378
   17067
------------
  130847 ct
= 1308,47 €
```

mit Komma:

```
  2 Stellen
  ←
56,89 € · 23
------------
  11378
   17067
------------
  1308,47 €
      ←
   2 Stellen
```

Multipliziere, ohne auf das Komma zu achten. Streiche im Ergebnis so viele Stellen ab, wie der Dezimalbruch besitzt.

Dividieren durch eine ganze Zahl: 64,32 € : 8

ohne Komma:

```
6432 ct : 8 = 804 ct
64          = 8,04 €
 03
 0
  32
  32
   0
```

mit Komma:

```
64,32 € : 8 = 8,04 €
64 ----------↑
 03
 0
  32
  32
   0
```

Dividiere wie üblich. Wenn du jedoch das Komma überschreitest, setze auch im Ergebnis ein Komma.

Dividieren durch eine Kommazahl: 17,50 € : 2,50 €

ohne Komma:

17,50 € : 2,50 €
1750 ct : 250 ct = 7
1750
0

mit Kommazahlen so:

17,50 € : 2,50 €
1750 € : 250 € = 7
1750
0

Du dividierst durch eine Kommazahl, indem du bei beiden Zahlen das Komma um gleich viele Stellen nach rechts verschiebst, so dass durch eine ganze Zahl geteilt wird.

1.

Silke zählt Geld. Sie hat 15 € und 8 ct. Sie notiert: 15,08 €. Schreibe auch diese Geldwerte mit Komma. Bedenke: Das Komma trennt € und ct.

a) 6 € 13 ct = ______ b) 39 ct = ______ c) 4 € 4 ct = ______

84 ct = ______ 8 € 5 ct = ______ 8 € = ______

18 € 60 ct = ______ 6 ct = ______ 3 € 17 ct = ______

2.

Wie viel € und ct sind es?

a) 9,70 € = 9 € 70 ct b) 0,20 € = ______ c) 0,05 € = ______

8,95 € = ______ 3,03 € = ______ 7,40 € = ______

6,02 € = ______ 5,14 € = ______ 0,90 € = ______

3.

Verwandle in Cent: 1 € = 100 ct

a) 3,04 € = 304 ct b) 0,07 € = ______

1,40 € = ______ 8,60 € = ______

0,28 € = ______ 3,74 € = ______

c) 9,98 € = ______

0,20 € = ______

0,07 € = ______

4.

Schreibe erst als € und ct und dann mit Komma:

a) 205 ct = 2 € 5 ct = 2,05 €

820 ct = ____________

40 ct = ____________

1008 ct = ____________

b) 81 ct = 0 € 81 ct = ____________

402 ct = ____________

3 ct = ____________

700 ct = ____________

5.

Berechne auf eine der beiden Arten, mit oder ohne Komma:

a) 54,90 € + 13,05 € + 0,89 € b) 8,90 € + 0,75 € + 1,03 €

c) 89,04 € + 0,40 € + 1,05 € d) 56,98 € – 14,06 €

e) 809 € – 56,98 € – 0,45 € f) 13,04 € – 0,82 € – 5,40 €

6.

Rechne ebenso mit oder ohne Komma:

a) 78,09 € · 5 b) 345,90 € · 34

c) 89,02 € · 48 d) 0,76 € · 23

e) 15,97 € · 8 f) 20,78 € · 63

g) 3,98 € · 12 h) 48,05 € · 60

i) 10,35 € · 7

7.

Berechne mit oder ohne Komma:

a) 578,88 € : 8 b) 11,04 € : 6 c) 246,72 € : 24

17,40 € : 12 0,56 € : 7 74,56 € : 4

1,08 € : 6 61,50 € : 15 14,76 € : 18

8.

Löse so, wie du es am besten kannst!

a) 3,63 € : 1,21 € b) 7 € : 0,50 € c) 8,82 € : 1,47 €

8,70 € : 1,45 € 60 € : 1,20 € 588 € : 2,80 €

38,40 € : 0,60 € 102 € : 5,10 € 77,04 € : 8,56 €

Längen

Längen werden in **km**, **m**, **dm**, **cm** oder **mm** gemessen.

1 km = 1000 m
1 m = 10 dm = 100 cm
1 dm = 10 cm
1 cm = 10 mm

1 mm →(· 10) 1 cm →(· 10) 1 dm →(· 10) 1 m →(· 1000) 1 km

1.

Wandle um:

a) 5 km = 5000 m | 205 km = ____________ m
80 km = ____________ m | 66 km = ____________ m

b) 6 dm = ____________ cm | 18 m = ____________ cm
4 m = ____________ cm | 50 dm = ____________ cm

c) 5 cm = ____________ mm | 2 cm = ____________ mm
8 dm = ____________ mm | 84 cm = ____________ mm

2.

Verwandle:

a) 2 000 m = 2 km
43 000 m = ______ km
6 000 m = ______ km

b) 200 dm = ______ m
80 dm = ______ m
620 dm = ______ m

c) 380 mm = ______ cm
70 mm = ______ cm

3.

Längenmaße schreibt man häufig mit Komma.

Beispiel: 13 km 50 m = 13,050 km   8 m 35 cm = 8,35 m

a) 3 km 8 m = 3,008 km

18 km 21 m = ________ km

7 m 16 cm = ________ m

28 dm 4 cm = ________ dm

b) 25 m 38 cm = ________ m

7 m 6 cm = ________ m

8 km 15 m = ________ km

60 cm 5 mm = ________ cm

4.

Schreibe mit Komma:

a) 1435 m = 1,435 km

470 m = ________ km

2000 m = ________

70 m = ________

b) 620 cm = ________ m

80 cm = ________

7413 cm = ________

4 cm = ________

c) 80 mm = ________ cm

7 mm = ________

342 mm = ________

28 mm = ________

5.

Verwandle in die angegebene Einheit:

a) 3,47 m = ________ cm

0,50 m = ________

18,23 m = ________

b) 8,971 km = ________ m

0,023 km = ________

13,450 km = ________

c) 13,9 cm = ________ mm

7,0 cm = ________

0,4 cm = ________

50,2 cm = ________

Umwandeln in eine Maßeinheit

Aufgaben mit verschiedenen Längenangaben muss man vor dem Rechnen erst durch Umwandeln vereinheitlichen.

Beispiel

Addieren: 14,35 m + 40 cm + 0,3 dm

	ohne Komma:	**mit Komma:**	
In die **kleinste** vorkommende Einheit verwandeln!	1435 cm + 40 cm + 3 cm 1478 cm = 14,78 m	14,35 m + 0,40 m + 0,03 m 14,78 m	In die **größte** vorkommende Einheit verwandeln!

Multiplizieren: 7,35 m · 4

ohne Komma:	**mit Komma:**
735 cm · 4 2940 cm = 29,40 m	7,35 m · 4 29,40 m

Dividieren: 7,500 km : 500 m

ohne Komma:	**mit Komma:**
7500 m : 500 m = 15 500 2500 2500 0	7,500 km : 0,5 km 75,00 km : 5 km = 15

6.

Rechne selbst:

a) 3 km + 720 m + 0,478 km

b) 38,24 m – 79 cm

c) 7,89 m · 5

d) 4,750 km · 21

e) 3,15 m : 35 cm

f) 2,250 km : 75 m

Gewichte

Gewichte werden in **Tonnen (t)**, **Kilogramm (kg)** und **Gramm (g)** angegeben.

1 t = 1000 kg

1 kg = 1000 g

$1\,\text{g} \xrightarrow{\cdot 1000} 1\,\text{kg} \xrightarrow{\cdot 1000} 1\,\text{t}$

1.

Wandle um:

a) 3800 g = 3 kg 800 g = 3,800 kg

4075 g = ______________________ kg

8004 g = ______________________

72 300 g = ______________________

b) 4903 kg = 4 t 903 kg = ________________ t

9700 kg = ______________________

650 kg = ______________________

1240 kg = ______________________

2.

Schreibe ohne Komma:

a) 6,085 kg = 6 kg 85 g = 6085 g

0,500 kg = ______________ g

2,070 kg = ______________

0,009 kg = ______________

b) 13,420 t = ______________ kg

4,200 t = ______________

0,070 t = ______________

1,008 t = ______________

Beachte **Überflüssige Nullen lässt man häufig weg:**

800 kg = 0,800 t = 0,8 t; 1450 g = 1,450 kg = 1,45 kg

3.

Verwandle in die angegebene Einheit:

a) 750 g = ______ kg
80 g = ______
1500 g = ______
3000 g = ______

b) 26 000 g = ______ kg
900 g = ______
6 g = ______
150 g = ______

c) 4800 kg = ______ t
17 kg = ______
23 400 kg = ______
206 kg = ______

d) 6000 kg = ______ t
55 kg = ______
200 kg = ______
4 kg = ______

e) 0,42 kg = ______ g
9,7 kg = ______
0,08 kg = ______
3,004 kg = ______

f) 31,980 t = ______ kg
12,4 t = ______
0,5 t = ______
3,048 t = ______

4.

Berechne schriftlich, mit oder ohne Kommazahlen. Verwandle zunächst in dieselbe Einheit:

a) 13,214 t + 847 kg + 0,5 t
b) 38,25 kg + 4100 g + 0,024 kg
c) 5,837 kg + 0,57 kg + 25 g
d) 7,682 kg – 695 g
e) 100,75 t – 23,459 t – 0,043 t
f) 28,08 kg – 400 g – 0,073 kg

5.

Führe auch hier die Rechnungen mit oder ohne Kommazahlen durch:

a) 15,2 t · 8
b) 2,780 kg · 14
c) 0,625 t · 25
d) 30,390 kg : 15
e) 73,68 t : 12
f) 10,256 kg : 8
g) 10,8 kg : 1,8 kg
h) 47,020 t : 0,02 t
i) 7,5 kg : 1,5 kg
j) 3,450 kg : 50 g
k) 0,128 t : 4 kg
l) 35 kg : 250 g

2 Einfache Textaufgaben

Lösungsplan 1

Als Erstes sollst du das Lösen von Sachaufgaben mit einfach gebauten Textaufgaben beginnen. In einem späteren Abschnitt lernst du dann, wie man zusammengesetzte Sachaufgaben löst.

Einfache Textaufgaben bearbeitet man nach folgendem **Lösungsplan 1:**

Lösungsplan 1

1. **Lies** die ganze Aufgabe gründlich durch.
2. Was ist **gesucht**?
3. Was ist **gegeben**?
   Welche Angaben im Aufgabentext sind also für das Lösen der Aufgabe wichtig? Notiere sie in Kurzform.
4. Prüfe den Aufgabentext daraufhin, ob bestimmte Ausdrücke (**Signalwörter**) auf eine bestimmte Rechenart hinweisen.
5. **Löse** jetzt die entsprechende Aufgabe.
6. **Kontrolliere** das Ergebnis.
7. Schreibe einen **Antwortsatz**.

Lies dir die Beispiele gründlich durch und fülle die Leerstellen aus:

Beispiel 1:

1. Aufgabe:
Jürgens Rennrad sollte 450 € kosten. Der Händler gibt einen Nachlass von 60 €. Wie viel € muss Jürgen bezahlen?

2. Gesucht:
Neuer Preis

3. Gegeben:
Alter Preis: *450 €*
Nachlass: *60 €*

4. Rechenart:
Nachlass → *abziehen* (–)

5. Lösung:
Rechne jetzt allein weiter und fülle die Leerstellen aus:

Alter Preis – Nachlass =

= Neuer Preis

________ – ________ = ________

6. Kontrolle:
Ergibt der neue Preis plus Nachlass den alten Preis?

________ + ________ = ________

7. Antwortsatz:
Das Rennrad ________________

____

Beispiel 2:

1. Aufgabe:
Christian legt mit seinen Freunden während einer 7-tägigen Radtour insgesamt 420 km zurück. Wie viele km sind sie am Tag durchschnittlich gefahren?

2. Gesucht:
km pro Tag

3. Gegeben:
Gesamtstrecke: ____________

Anzahl der Tage: ____________

4. Rechenart:
durchschnittlich → *teilen* (:)

5. Lösung:

Gesamtstrecke : Anzahl der Tage =

= durchschnittliche Strecke

________ : ________ = ________

6. Kontrolle:
Ist das 7fache der durchschnittlichen Strecke gleich der Gesamtstrecke?

________ · ________ = ________

7. Antwortsatz:
Sie legen jeden ________________

____

Gesucht – Gegeben

Du sollst von jeder der folgenden Aufgaben notieren, was gesucht und was gegeben ist:

1.
Jürgen hat 120 € gespart. Er kauft sich für 35 € eine Fahrradbeleuchtung. Wie viel Geld behält er übrig?

Gesucht: übrig gebliebenes Geld (Restbetrag)

Gegeben: ______ € gespart; ______ € Fahrradbeleuchtung

2.
Welchen Betrag musst du zurückbekommen, wenn du für 8,50 € einkaufst und mit einem 10-€-Schein bezahlst?

Gesucht: ____________________

Gegeben: ____________________

Notiere jetzt in deinem Heft, was jeweils gesucht und was gegeben ist.

3.
Martin hat in seiner Briefmarkensammlung 135 französische und 318 deutsche Briefmarken. Wie viele Briefmarken sind das zusammen?

4.
Zu einer Wohnung gehören 6 Fenster. Wie viele Wohnungen sind in einem Hochhaus, das 126 Fenster hat?

5.
Wie viel € hat Ina nach 4 Wochen gespart, wenn sie jede Woche 6 € Taschengeld erhält und die ganze Zeit nichts ausgibt?

6.
Der Briefträger muss 598 Postsendungen austragen. 345 hat er schon abgeliefert. Wie viel Post muss er noch austragen?

Signalwörter

Bei vielen Aufgaben weisen bestimmte Wörter des Aufgabentextes auf die richtige **Rechenart** hin, die du beim Lösen der Aufgabe verwenden musst. Man nennt solche Wörter auch **Signalwörter**.

Beispiel

„zusammen" ist der Hinweis auf (+)   „verteilen" ist der Hinweis auf (:)

1.

Auf welche Rechenarten können diese Signalwörter hinweisen?

mehr	→ ◯ ;	weniger	→ ◯
dazu	→ ◯ ;	weg	→ ◯
übrig bleiben	→ ◯ ;	insgesamt	→ ◯
aufteilen	→ ◯ ;	vervielfachen	→ ◯
die Hälfte	→ ◯ ;	das Dreifache	→ ◯

Die meisten Signalwörter kannst du nur deuten, wenn du den gesamten Aufgabentext betrachtest.

Tipp Es wird immer von einer Einheit (1 Tag, 1 Woche, 1 Seite) durch **Multiplizieren** auf eine Vielheit (7 Tage, 4 Wochen, 5 Seiten) oder umgekehrt von einer Vielheit durch **Dividieren** auf eine Einheit geschlossen.

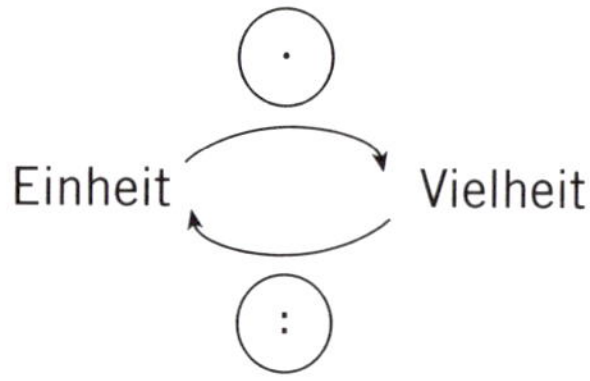

Beispiel Martin erhält jede Woche 5 € Taschengeld. Wie viel € sind das im Monat (1 Monat = 4 Wochen)?

1 Woche / 1 Monat → (·)
(1 Woche / 4 Wochen)

Im Urlaub müssen die Eltern für eine Woche 630 € bezahlen. Wie teuer ist jeder Tag?

1 Woche / 1 Tag → (:)
(7 Tage / 1 Tag)

Unterstreiche die Signalwörter und schreibe auf, was sie bedeuten.

2.
Renate geht auf Klassenfahrt. Ein Tag kostet 35 €. Sie wird eine Woche unterwegs sein. Wie viel kostet die Fahrt?

______________________________ → ◯

3.
Wie viele Bilder passen auf 12 Seiten eines Fotoalbums, wenn auf jeder Seite 6 Bilder eingeklebt werden sollen?

1 Seite / 12 Seiten → ◯

4.
Martin hat 8 Seiten mit je 5 Bildern beklebt. Wie viele Bilder sind es insgesamt?

Tipp „je“ bedeutet hier „jeweils auf **einer** Seite“.

______________________________ → ◯

5.
Vater kauft 3 Kisten Apfelsaft mit je 20 Flaschen. Wie viele Flaschen sind das?

____________________ → ◯

6.
Jasmin besitzt 90 Fußballbilder. Sie legt jeweils 5 Bilder auf einen Stapel. Wie viele Stapel ergeben sich so?

90 Bilder / 5 Bilder auf einen Stapel → ◯

7.
Annika steckt 60 Briefmarken in ihr Album. Wie viele Seiten benötigt sie, wenn es pro Seite immer 10 Briefmarken sind?

„pro“ bedeutet hier „jeweils auf **einer** Seite“. **Tipp**

____________________ → ◯

8.
Ein Vertreter fährt mit dem Auto pro Tag 250 km. Wie viel km sind es in 4 Tagen?

____________________ → ◯

9.
150 Bälle sollen so verpackt werden, dass in jede Kiste 6 Bälle kommen. Wie groß ist die Anzahl der Kisten?

____________________ → ◯

10.
420 Schüler einer Schule machen einen Ausflug. In jeden Bus passen 30 Schüler. Wie viele Busse müssen bestellt werden?

____________________ → ◯

11.
Die Realschule Heidenstraße wird von 500 Schülern besucht. Die Hälfte der Schüler kommt zu Fuß. Wie viele Schüler sind das?

____________________ → ◯

12.
Maria ist 9 Jahre alt. Ihre Großmutter ist neunmal so alt. Wie alt ist sie also?

______________________________ → ◯

13.
Bei einer Geburtstagsfeier wurden 28 Schokoküsse an 7 Kinder verteilt. Wie viele Schokoküsse erhielt jedes Kind?

______________________________ → ◯

14.
Notiere in deinem Heft von jeder der Aufgaben 2–13 was gesucht und was gegeben ist.

In den folgenden Aufgaben sind Signalwörter enthalten, die auf (−) oder (+) hinweisen.

Beispiel Ulrike kauft sich ein Buch für 12,50 €. Sie bezahlt mit einem 20-€-Schein. Wie viel Geld <u>bekommt</u> sie <u>zurück</u>?

bekommt zurück → (−)

Georg gewinnt beim Kniffeln im ersten Spiel 140 Punkte. Im zweiten Spiel hat er sogar 170 Punkte. Welche Punktzahl hat er <u>insgesamt</u>?

insgesamt → (+)

Suche aus den folgenden Aufgaben die Signalwörter heraus und gib die entsprechende Rechenoperation an:

15.
Im Elektromarkt ist ein Walkman mit 149 € ausgezeichnet. Der Verkäufer gewährt Jan einen Nachlass von 15 €. Wie teuer ist der Walkman jetzt?

Nachlass → ◯

16.
In einem Korb beim Bäcker liegen 50 Brötchen. Heike kauft 12 Brötchen. Wie viele Brötchen bleiben übrig?

______________________________ → ◯

17.
Frau Huber bepflanzt ihre Balkonkästen mit 12 Geranien, 3 Margeriten und 9 Pantoffelblumen. Wie viele Pflanzen sind das zusammen?

______________________________ → ◯

18.
Sebastian hat 350 € auf seinem Sparbuch. Wie viel € fehlen ihm noch, um sich ein Fahrrad für 480 € zu kaufen?

______________________________ → ◯

19.
Ein Theater hat 850 Sitzplätze. 500 Karten sind schon verkauft. Wie viele Karten sind noch zu haben?

______________________________ → ◯

20.
Wie viele Bonbons bleiben für Ina übrig, wenn Axel aus einer Tüte mit 82 Bonbons 48 herausnimmt?

______________________________ → ◯

21.
Christina besitzt 35 Bücher. Zum Geburtstag bekommt sie noch 6 weitere. Wie viele Bücher hat sie jetzt?

______________________________ → ◯

22.
Schreibe von den Aufgaben 15–21 auf, was gesucht und was gegeben ist.

Deute die Signalwörter:

23.
In einer Straßenbahn sind 38 Plätze besetzt. An der nächsten Haltestelle steigen 14 Personen ein. Wie viele Personen sind insgesamt in der Straßenbahn?

______________________________ → ◯

24.
Martina kauft im Supermarkt 2 Netze mit je 15 Mandarinen. Wie viele Mandarinen hat sie gekauft?

______________________________ → ◯

25.
Wie viele Bilder sind auf jeder Seite, wenn 48 Fotos gleichmäßig auf 8 Seiten im Fotoalbum verteilt sind?

______________________________ → ◯

26.
Bei einer Zirkusvorstellung wurden 12 000 € eingenommen. Wie viele Personen befanden sich in der Vorstellung, wenn jede Eintrittskarte 15 € kostete?

______________________________ → ◯

27.
Henning und Andrea machen in den Ferien eine Radtour. Am ersten Tag fahren sie 38 km, am zweiten Tag 42 km und am dritten Tag 36 km. Wie viel km fahren sie insgesamt?

______________________________ → ◯

28.
Die Seilbahn zum Wurmberg fährt in der Stunde dreimal. Bei jeder Fahrt können 56 Personen mitfahren. Wie viele Fahrgäste werden in einer Stunde befördert?

______________________________ → ◯

29.

Wie viele Bücher stehen noch im Regal, wenn von 172 Büchern 88 Bücher ausgeliehen wurden?

______________________ → ○

30.

Bauer Kahle hat im letzten Jahr 5600 kg Zuckerrüben geerntet. Dieses Jahr sind es 1800 kg mehr. Wie viel kg Zuckerrüben sind das insgesamt?

______________________ → ○

31.

Frau Schumann spart seit 6 Monaten für einen neuen Fernseher. Sie legt monatlich 80 € zurück. Wie viel Geld hat sie schon zusammen?

______________________ → ○

32.

Julia hat 50 € in ihrem Portmonee. Sie kauft sich eine CD für 18 €. Welchen Betrag erhält sie zurück?

______________________ → ○

33.

Peter bezahlt für einen Strauß mit 9 roten Rosen 22,50 €. Wie viel € kostet eine Rose?

______________________ → ○

34.

Wie viele Bratwürste haben die Partygäste gegessen, wenn von 148 Würsten nur noch 62 übrig sind?

______________________ → ○

Das Lösen von Aufgaben

Jetzt kannst du die Aufgaben mit Hilfe des Lösungsplanes lösen. Berücksichtige dabei die einzelnen Punkte des Lösungsplans 1 (s. S. 14).

Beispiel

1. **Aufgabe:** Marcel bekommt zum Geburtstag 100 €. Er kauft sich für 85 € einen Gameboy. Wie viel Geld behält er übrig?
2. **Gesucht:** *übrig gebliebenes Geld*
3. **Gegeben:** geschenktes Geld: *100 €*
   Gameboypreis: *85 €*
4. **Rechenart:** übrig → (–)
5. **Lösung:** [geschenktes Geld] – [Gameboypreis] = [übrig gebliebenes Geld]
   100 € – *85 €* = *15 €*

Löse die folgenden Aufgaben in gleicher Weise:

1.

Herr Börner fährt mit seinem neuen Auto am Samstag 240 km, am Sonntag 350 km. Wie viel km fährt er insgesamt?

2. **Gesucht:** ______________________
3. **Gegeben:** ______________________
4. **Rechenart:** __________________ → ◯
5. **Lösung:** ______________________

2.

Frau Meyer kauft auf dem Wochenmarkt 5 kg Apfelsinen. 1 kg Apfelsinen kostet 2,50 €. Wie teuer sind die Apfelsinen?

2. **Gesucht:** ______________________
3. **Gegeben:** ______________________
4. **Rechenart:** __________________ → ◯
5. **Lösung:** ______________________

Bei den folgenden Aufgaben sollst du die vier Rechenschritte in dein Heft schreiben:

3.
Julia spart von ihrem Taschengeld jeden Monat 15 €. Wie viel Geld hat sie in einem Jahr gespart?

4.
Im Parkhaus Wendentor sind 278 Parkplätze belegt und 417 noch frei. Wie viele Parkplätze hat das Parkhaus insgesamt?

5.
Familie Heinzmann besucht eine Schultheateraufführung. Eine Theaterkarte kostet für Kinder 8 €. Für Erwachsene ist sie doppelt so teuer. Wie viel € müssen also Erwachsene bezahlen?

Doppelt bedeutet „zweimal“. **Tipp**

6.
In der Klassenbücherei sind von 158 Büchern 72 ausgeliehen. Wie viele Bücher sind noch vorhanden?

7.
Wie viel km sind Henning und Birte jeden Tag durchschnittlich gefahren, wenn sie bei einer Radtour in 7 Tagen 315 km zurückgelegt haben?

8.
Frau Schumann bezahlt beim Bäcker für 8 Sesambrötchen 3,60 €. Wie viel kostet 1 Brötchen?

Kontrollieren ist wichtig

Jede Rechenaufgabe lässt sich durch eine **Umkehraufgabe** überprüfen:

Beispiel

Aufgabe			→	**Umkehraufgabe**		
4 m	(· 5)	= 20 m	→	20 m	(: 5)	= 4 m
12 €	(: 3)	= 4 €	→	4 €	(· 3)	= 12 €
8 kg	(– 5 kg)	= 3 kg	→	3 kg	(+ 5 kg)	= 8 kg
9 d	(+ 3 d)	= 12 d	→	12 d	(– 3 d)	= 9 d

1.
Timo hat diese Aufgabe so gerechnet:

In einem Bus sitzen 42 Personen. An der nächsten Haltestelle steigen 15 Personen aus, aber niemand steigt ein. Wie viele Personen befinden sich noch im Bus?

2. **Gesucht:** übrig gebliebene Personen

3. **Gegeben:** Alle Personen: 42
ausgestiegene Personen: 15

4. **Rechenart:** aussteigen → (–)

5. **Lösung:** [Alle Personen] – [ausg. Personen] = [übrig gebl. Pers.]
42 Personen – 15 Personen = 17 Personen

a) Wie lautet die Umkehraufgabe zu dieser Rechnung?

____

b) Hat Timo richtig gerechnet? ____________

c) Wie muss die richtige Lösung lauten? ____________________

2.
Schreibe zu jeder Aufgabe jeweils die Umkehraufgabe auf:

12 kg : 3 = 4 kg → 4 kg ____________________

25 m · 4 = ________ → ____________________

80 € – 20 € = ________ → ______________________________

120 kg + 40 kg = ________ → ______________________________

3.

Überprüfe durch eine Umkehraufgabe, ob du diese Aufgaben richtig gerechnet hast.

a) Familie Meier hat bei einer 4-tägigen Wanderung durch den Schwarzwald 48 km zurückgelegt. Wie viele km wurden am Tag gewandert?

Lösung:	Gesamtstrecke	:	Anzahl der Tage	=	Strecke am Tag
	48 km	:	4	=	12 km
Kontrolle:	Strecke am Tag	·		=	
	12 km	______________________________			

b) Max kauft im Supermarkt für seinen Hund 6 Dosen Hundefutter. Eine Dose kostet 1,50 €. Wie viel € muss er bezahlen?

Lösung:	Preis für 1 Dose	·	Anzahl der Dosen	=	Gesamtpreis
	1,50 €	·	6	=	________

Notiere hier nur noch die Kontrollrechnung.

Kontrolle: ______________________________

c) Frau Böker hat sich eine Hose für 119 € und eine Bluse für 69 € gekauft. Sie überlegt, was sie bezahlen muss.

Lösung:	Hosenpreis	+	Blusenpreis	=	insgesamt
	119 €	+	69 €	=	________

Kontrolle: ______________________________

d) Als Stammkunde bei Sport-Meyer bekommt Olaf den Tennisschläger 15 € günstiger. Der Schläger ist mit 97 € ausgezeichnet.

Lösung:	Preis für Ware	–	Nachlass	=	Endpreis
	97 €	–	15 €	=	________

Kontrolle: ______________________________

In unseren Lösungsplan wollen wir jetzt auch immer die **Kontrollrechnung** einbeziehen. Bilde also zur gerechneten Aufgabe die Umkehraufgabe und löse sie zur Kontrolle.

4.
Die Strecke Stuttgart–Frankfurt beträgt auf der Landstraße 253 km. Auf der Autobahn sind es nur 210 km. Wie groß ist der Unterschied?

2. **Gesucht:** ______________________________

3. **Gegeben:** ______________________________

4. **Rechenart:** ______________________________

5. **Lösung:** ______________________________

____

6. **Kontrolle:** ______________________________

5.
Zum Basteln eines Bilderrahmens sägt Petra von einer 3 m langen Fußleiste 30 cm ab. Wie lang ist der Rest der Fußleiste?

6.
Bei Ninas Geburtstagsfeier haben 12 Personen jeweils 3 Stück Torte gegessen. Wie viele Stücke sind das insgesamt?

7.
Auf einer Geflügelfarm sollen 324 Eier so verpackt werden, dass jeweils 6 Eier in einen Karton kommen. Wie viele Kartons braucht man?

8.
Nico bekommt zum Geburtstag von seiner Oma 50 € geschenkt. Er zahlt den Betrag auf sein Sparkonto ein, auf dem schon 170 € eingetragen sind. Wie viel Geld besitzt er insgesamt?

Der Antwortsatz schließt eine Aufgabe ab

Den Abschluss einer Aufgabe bildet immer der **Antwortsatz**. Um ihn zu finden, lies dir noch einmal die Frage durch und überlege, was gesucht war.

Beispiel

Ein Losverkäufer verkauft am Vormittag 180 Lose und am Nachmittag 240 Lose. Wie viele Lose sind das insgesamt?

2. **Gesucht**: Anzahl der verkauften Lose

3. **Gegeben**: Lose vormittags: 180

Lose nachmittags: 240

4. **Rechenart**: insgesamt → (+)

5. **Lösung**: Lose vormittags + Lose nachmittags = Lose insgesamt

180 + 240 = 420

6. **Kontrolle**: Lose insgesamt – Lose nachmittags = Lose vormittags

420 – 240 = 180

7. **Antwortsatz**: Es wurden insgesamt 420 Lose verkauft.

Löse die folgenden Aufgaben ebenso:

1.
Thomas bezahlt für 4 Flaschen Limonade 3,20 €. Wie viel kostet eine Flasche?

2.
Auf Karins Sparbuch sind 78 €. Heute zahlt sie noch 16 € ein. Wie viel € sind jetzt auf ihrem Sparbuch?

3.
Frau Töpfer kauft 3 Paar Strümpfe zu je 9,99 €. Was muss sie bezahlen?

4.
Wie viel hat Herr Schneider gespart, wenn er einen Mantel, der eigentlich 478 € kosten sollte, für 299 € bekam?

Bilde selbst Aufgaben

1.

a) Hier ist von 4 Aufgaben der Text durcheinander geraten. Setze sie wieder richtig zusammen:

Petra spart jede Woche 5 €.

Julia bezahlt 4,50 € für Bonbons.

Wie viel € erhält er zurück?

Wie viel € hat sie in 8 Wochen?

Wie viele Tüten kauft sie?

Eine Tüte kostet 1,50 €.

Ulf kauft ein Auto für 8,50 €.

Er bezahlt mit einem 20-€-Schein.

197 Autos müssen noch verladen werden.

Wie viele Autos sind es insgesamt?

Auf einer Autofähre stehen schon 285 Autos.

b) Löse die Aufgaben, wie du es gelernt hast.

2.

Füge auch hier die Textteile richtig zusammen und löse die vier Aufgaben:

Jan möchte sich eine Lokomotive für 180 € kaufen.

Beim Sportfest wirft Ina den Ball 26 m weit.

Wie viel € muss sie bezahlen?

Wie alt ist Karola?

Wie viel Meter wirft Katrin, wenn ihr Ball 5 m weiter fliegt?

Wie lange muss er sparen, wenn er jeden Monat 15 € zurücklegt?

Björn ist 12 Jahre alt.

Seine Schwester Karola ist 4 Jahre jünger.

Anja kauft 4 Kinokarten zu je 9 €.

3.

Hier sollst du selbstständig Textaufgaben verfassen. Verwende jeweils die Angaben im Kasten:

Gewicht einer Dose: 870 g

Gesamtgewicht?

Die Aufgabe könnte so lauten: *Jan kauft 6 Dosen Pfirsiche. Eine Dose Pfirsiche wiegt 870 g. Wie viel g wiegen 6 Dosen?*

a) Gesamtpreis: 2,15 €

Preis pro Apfelsine?

b) Geldschein

50 € 28 €

Rückgeld?

3 Zusammengesetzte Textaufgaben

Lösungsplan 2

Das Lösen von zusammengesetzten Textaufgaben ist leider nicht immer einfach. Es gibt aber Möglichkeiten, solche Lösungsvorgänge zu trainieren. Wichtig ist, dass du dir bei Aufgaben, die du nicht auf Anhieb lösen kannst, einen **Lösungsplan** machst. Diesen Lösungsplan musst du dann Punkt für Punkt durcharbeiten.

Lösungsplan 2

1. **Lies** die ganze Aufgabe gründlich durch.
2. **Welcher Sachverhalt** wird in der Aufgabe dargestellt? **Wovon** handelt also die Aufgabe? Beschreibe den Sachverhalt mit eigenen Worten.
3. Was ist **gesucht?**
4. Was ist **gegeben?**
   Welche Angaben im Aufgabentext sind also für das Lösen der Aufgabe wichtig? Notiere sie in Kurzform.
5. Überlege dir den **Lösungsweg**. Falls du dabei Schwierigkeiten hast, prüfe, ob dich diese Lösungshilfen weiterbringen:
   a) Zerlege die Aufgabe in **Teilaufgaben**, unterstreiche die dafür wichtigen Angaben im Aufgabentext.
   b) Lege eine **Skizze** an.
   c) Arbeite mit einer **Tabelle**.
   d) Erinnerst du dich an eine ähnliche, schon gelöste Aufgabe?
6. Führe die **Rechnung** aus.
7. **Kontrolliere** das Ergebnis.
8. Schreibe einen **Antwortsatz**.

Beispiel

1. **Aufgabe:**
   Martin muss bei seinen Eltern 160 € für sein Fahrrad in monatlichen Raten abzahlen. Für Januar bis August waren es monatlich 12 €. Ab September will er den Betrag so erhöhen, dass er bis Dezember alles bezahlt hat. Wie hoch sind die letzten Raten?

2. **Sachverhalt:**
   160 € sollen in 12 Raten zurückgezahlt werden. Die letzten 4 Raten sind größer als die ersten 8.

3. **Gesucht:**
   Höhe der letzten 4 Raten pro Monat.

4. **Gegeben:**
   Gesamtbetrag: 160 €
   Rate pro Monat (bis August): 12 €

5. **Lösungsweg (Tabelle):**

160 € (Jan. bis Dez.)

Jan.	Febr.	März	April	Mai	Juni	Juli	Aug.	Sept.	Okt.	Nov.	Dez.
12 €	12 €	12 €	12 €	12 €	12 €	12 €	12 €	?	?	?	?

$8 \cdot 12$ € (Jan. bis Aug.)

Jetzt kannst du allein weiterrechnen. Fülle die Leerstellen aus:

6. **Rechnung:**
   Insgesamt bis August: $8 \cdot 12$ € = ___________

   Insgesamt ab September: 160 € – ___________ = ___________

   Rate ab September: ___________ : 4 = ___________

7. **Kontrolle:**
   Überprüfe, ob 8-mal die alte Rate plus 4-mal die neue Rate 160 € ergibt:

   ___________ · 8 + ___________ · 4 = 160 €

8. **Antwortsatz:**
   Wie lautet der Antwortsatz?

   Martin ____

Wovon handelt die Aufgabe?

Wenn man eine Aufgabe lösen will, muss man den Aufgabentext verstehen. Ohne dieses Verständnis ist keine Aufgabenlösung möglich. Du musst dich daher zunächst fragen: Wovon handelt diese Aufgabe? Welches ist ihr Sachverhalt?

Wenn man diesen Sachverhalt mit eigenen Worten beschreiben kann, weiß man, um was es bei der Aufgabe geht. Beschreibe von den folgenden Aufgaben jeweils den Sachverhalt. Lass unwichtige Einzelheiten weg.

Beispiel

1. Aufgabe:
   Stephan hat 200 € gespart. Er will sich dafür etwas für seine Eisenbahnanlage kaufen. Er nimmt eine Lokomotive für 109 €, einen Güterwagen für 56 € und ein Signal für 35 €. Wie viel Geld behält er übrig?

2. Sachverhalt:
   Stephan kauft für 109 €, 56 € und 35 € ein. Er besitzt 200 €.
   (Beim Beschreiben des Sachverhaltes sind diese unwichtigen Einzelheiten weggelassen: Eisenbahnanlage, Lokomotive, Güterwagen usw.)

Gehe bei den folgenden Aufgaben entsprechend vor. Versuche den Text möglichst kurz zu halten.

1.
Ein Parkhaus hat um 9 Uhr 458 leere Stellplätze. Zwischen 9 und 12 Uhr fahren 230 Autos hinein und 128 heraus. Wie viele Stellplätze sind um 12 Uhr noch frei?

2.
Der Kioskbesitzer am Bahnhof verkauft an einem Tag 350 Ansichtskarten zu je 40 ct, 210 Ansichtskarten zu je 50 ct. Außerdem verkauft er noch 500 Zeitungen zu 80 ct. Wie viel € nimmt er ein?

3.
Herr Meier kauft für eine Feier 3 Kisten Limonade zu je 8 € und 2 Kisten Mineralwasser zu je 6 €. Er muss für jede Kiste 3 € Pfand bezahlen. Wie hoch ist seine Rechnung?

4.
Ein Heizungsmonteur schneidet von einem 3 m langen Eisenrohr 4 Rohrstücke zu je 45 cm ab. Wie lang ist das restliche Stück?

5.
Frau Wippermann will sich schon lange eine Waschmaschine für 1490 € kaufen. Da sie den Kaufpreis nicht ganz bezahlen kann, zahlt sie 890 € an. Den Rest will sie in Monatsraten von 120 € abzahlen. Wie viele Monate dauert die Abzahlung?

6.
Ein Heizölhändler beliefert 3 Kunden. Sein Tankwagen enthält 6000 l Öl. Wie viel l Öl sind noch im Tank, wenn der erste Kunde 1200 l, der zweite doppelt so viel und der dritte Kunde 2000 l erhält?

7.
Frau Ziegenhorn besucht mit ihren Kindern Georg und Stephan eine Zirkusvorstellung. Erwachsene bezahlen 18 € Eintritt, Kinder die Hälfte. Frau Ziegenhorn zahlt an der Kasse mit einem 50-€-Schein. Wie viel Geld erhält sie zurück?

8.
Eine Fabrik stellt am Tag 18648 Tennisbälle her. Die Hälfte davon werden in Kartons zu je 6 Stück verpackt. Der Rest kommt in Dosen zu je 4 Stück. Wie viele Kartons und Dosen sind das am Tag?

Gesucht – Gegeben

1. **Beschreibe den Sachverhalt** mit eigenen Worten (Abschnitt 2 des Lösungsplanes). Wenn es nicht verlangt wird, brauchst du dies nicht zu notieren.
2. **Schreibe auf, was gesucht und was gegeben ist** (Abschnitt 3 und 4 des Lösungsplanes).

Notiere die gesuchten und gegebenen Größen jeweils in Kurzform:

Beispiel Renate möchte sich eine Gitarre für 128 € kaufen. Sie hat 32 € gespart und von ihrer Oma bekommt sie noch 40 €. Wie viel € fehlen ihr noch?

3. **Gesucht**: fehlender Betrag (Restbetrag)
4. **Gegeben**: Gespartes: 32 € Von Oma: 40 € Preis Gitarre: 128 €

1.
Bei den Aufgaben 1 bis 5 von Seite 34/35 schaffst du es allein. Schreibe dazu die gesuchten und gegebenen Größen in dein Heft.

Bei manchen Aufgaben muss man die gegebenen Größen noch ausrechnen:

Beispiel Die Theatervorstellung in der Schule besuchen 180 Personen. Die Hälfte davon sind Schüler. Ein Schüler zahlt 5 € Eintritt, ein Erwachsener doppelt so viel. Wie groß ist die Gesamteinnahme?

3. **Gesucht**: Gesamteinnahme
4. **Gegeben**: alle Personen: 180

Schüler: die Hälfte von 180 = 90
Schülereintritt: 5 €
Erwachseneneintritt: das Doppelte von 5 € = 10 €

2.
Ein Berliner kostet beim Bäcker 80 ct, ein Brötchen halb so viel. Inga kauft 6 Berliner und doppelt so viele Brötchen. Was muss sie bezahlen?

3.
In der Zugspitzbahn sitzen 350 Personen. An der Mittelstation steigt die Hälfte davon aus und 40 weitere ein. Wie viele Personen befinden sich jetzt im Zug?

Von den folgenden Aufgaben sollst du jeweils zunächst den Sachverhalt beschreiben und dann angeben, was gesucht und was gegeben ist.

4.
Herr Schröder ist auf einer dreitägigen Dienstreise mit seinem Auto 485 km gefahren. Seine Firma zahlt ihm 40 ct pro km. Außerdem erhält er jeden Tag 75 € für Verpflegung und Unterkunft. Wie viel Geld erhält er also von seiner Firma für diese Dienstreise?

2. **Sachverhalt**: ______________________________

3. **Gesucht**: ______________________________

4. **Gegeben**: ______________________________

5.
Karin sucht sich beim Optiker eine neue Brille aus. Das Gestell kostet 78 €. Die Gläser einschließlich der Entspiegelung kosten 60 €. Die Krankenkasse vergütet 40 €. Welchen Betrag müssen Karins Eltern bezahlen?

6.
Familie Polt geht am Sonntag zum Essen ins Restaurant. Der Kellner notiert: Zweimal Schnitzel zu je 9,50 €, 3 Mixgetränke zu je 2 € und einen Apfelsaft zu 2,50 €. Wie hoch ist die Rechnung?

7.
Herr Müller hat im Urlaub in der Türkei viel fotografiert. Wie teuer ist jedes Bild geworden, wenn der Film 4 €, das Entwickeln 3 € und jeder Abzug 30 ct kostete? Auf dem Film waren 36 Aufnahmen.

Zerlegen in Teilaufgaben

Viele Aufgaben lassen sich leichter lösen, wenn man im Text die Teilaufgaben ur schiedlich unterstreicht und herausschreibt.

1. Die wichtigen Textteile, die zu einer Teilaufgabe gehören, in gleicher Weise **unterstreichen**, also einfach, doppelt oder gestrichelt usw.
2. Die einzelnen Aufgaben **herausschreiben**.
3. Die Aufgaben **lösen**. Um das zu können, muss man sie oft erst in die richtige Reihenfolge bringen.

Beispiel In einer Getränkefabrik werden Limonadenflaschen in Kisten verpackt. Von den Kisten gibt es zwei Sorten: große Kisten mit 24 Flaschen und kleine Kisten mit 16 Flaschen. Ein Kunde kauft 8 große und 14 kleine Kisten. Wie viele Flaschen sind das insgesamt?

Du musst folgende Teilaufgaben rechnen:

a) 8 große Kisten: 24 Flaschen · 8 = 192 Flaschen
b) 14 kleine Kisten: 16 Flaschen · 14 = 224 Flaschen
c) insgesamt: 192 Flaschen + 224 Flaschen = 416 Flaschen

1.
Bauer Piepenbrink hat auf seinem Hühnerhof 12 weiße und 15 braune Hühner. Die weißen Hühner legen 250 Eier im Jahr, die braunen sogar 300 Eier. Mit wie vielen Eiern kann der Bauer insgesamt im Jahr rechnen?

Schreibe die Teilaufgaben heraus und rechne sie:

a) die einfach unterstrichenen Textteile ergeben: 250 Eier · ________ = ________

b) die doppelt unterstrichenen Textteile ergeben: ________________________

c) das gestrichelt Unterstrichene ergibt: ________________________

____

2.

Die Fenster von Familie Heyn müssen neu gestrichen werden. Der Malergeselle braucht dazu 8 Stunden, sein Lehrling arbeitet 5 Stunden. Eine Gesellenstunde kostet 33 €, eine Lehrlingsstunde 18 €. Wie hoch sind die Gesamtkosten?

a) In dieser Aufgabe sind wieder drei Teilaufgaben enthalten. Unterstreiche sie: einfach, doppelt und gestrichelt.

b) Schreibe die Teilaufgaben hier auf und rechne sie:

In den folgenden Aufgaben sind sogar vier Teilaufgaben enthalten. Unterstreiche sie wie in Aufgabe 2 a) beschrieben. Benutze als viertes Unterscheidungsmerkmal eine gepunktete Linie. Schreibe die Teilaufgaben in dein Heft und löse sie.

3.

Für den Sportunterricht der Geschwister-Scholl-Schule werden Bälle gekauft: 8 Softbälle zu je 15 €, 4 Fußbälle zu je 32 € und 2 Medizinbälle zu je 60 €. Wie viel € kosten alle Bälle zusammen?

4.

Frau Sommer lässt sich im Blumengeschäft einen Strauß mit 3 Tulpen, 4 Narzissen und 2 Lilien binden. Eine Tulpe kostet 80 ct, eine Narzisse 60 ct und eine Lilie 1,50 €. Wie viel muss Frau Sommer insgesamt bezahlen?

Hier sind die Teilaufgaben schon unterstrichen. Schreibe sie heraus und löse sie.

5.

Tina spart für einen Gameboy. Sie rechnet so: 6-mal will sie das Taschengeld von 18 € im Monat zurücklegen und 50 € erhält sie von ihrem Opa. Wie viel € fehlen ihr noch an 200 €?

6.

Herr Klostermann kauft ein Auto für 18 000 €. Da er nicht über den gesamten Betrag verfügt, will er einen Teil in 6 Raten zu je 2000 € bezahlen. Für sein altes Auto bekommt er 5000 €. Den Rest nimmt er von seinem Konto. Wie viel € sind das? Rechne in deinem Heft.

Von nun an fehlen die Unterstreichungen. Schreibe die Teilaufgaben heraus und löse sie.

7.

Heidi packt ein Paket. Sie legt 8 Tafeln Schokolade hinein. Jede Tafel wiegt 125 g. Außerdem nimmt sie 500 g Kaffee. Das Paket soll 2 kg wiegen. Wie viel Gramm fehlen ihr noch?

8.

In einer Fabrik stellen Maschinen Schrauben her. Die Maschine vom Typ A produziert stündlich 4500 Schrauben, die vom Typ B stündlich 3800 und die vom Typ C nur 2500. Es arbeiten 3 Maschinen vom Typ A, 5 vom Typ B und 2 vom Typ C. Wie groß ist die Gesamtproduktion in einer Stunde?

9.

Frau Schröder besorgt sich für 4000 € Wechselgeld bei ihrer Bank. Der Bankbeamte gibt ihr 45 Scheine zu 50 € und 60 Scheine zu 20 €. Den Rest gibt er ihr in 5-€-Scheinen. Wie viele Scheine sind das?

10.

Es sollen stündlich 100 000 Schrauben hergestellt werden. Eine Maschine vom Typ A schafft stündlich 4500 Schrauben. Es gibt 8 Maschinen dieses Typs. Außerdem gibt es Maschinen des Typs B, die stündlich 3800 Schrauben produzieren. Die Firma besitzt davon 11 Maschinen. Wie viele Schrauben müssen noch produziert werden?

11.

Ein Bauer hat 15 Kühe. Jede Kuh liefert im Jahr etwa 3100 l Milch. Einen Liter Milch kann er für 20 ct verkaufen. Wie viel € nimmt er im Jahr ein?

Tipp Vergiss nicht, dass du grundsätzlich die Punkte 2, 3 und 4 des Lösungsplanes berücksichtigen musst.

12.
Vera trägt jede Woche 375 Werbezeitungen aus. Pro Zeitung bekommt sie 8 Cent. Im letzten Jahr hat sie 48 Wochen gearbeitet. WIe viel Geld hat sie verdient? Unterstreiche die Teilaufgaben und löse sie.

Tipp

13.
In einer Fabrik werden Tennisbälle verpackt. Es kommen immer 6 Bälle in eine Schachtel und 60 Schachteln passen in eine Kiste. Ein Sportgeschäft bestellt 4 solcher Kisten. Wie viele Bälle sind das? Arbeite wie in Aufgabe 12.

14.
Maria braucht für ihre Reise 200 €. Sie spart 8-mal von ihrem Taschengeld 15 €. Den Rest will sie in 4 Raten aufbringen. Wie groß muss jede Rate sein? Welche Teilaufgaben sind hier unterstrichen? Schreibe sie heraus und rechne sie.

15.
Ein Lieferwagen hat ein zulässiges Ladegwicht von 1400 kg. Er wird mit 12 Paketen zu je 20 kg beladen. Es kommen noch 5 weitere Pakete hinzu. Wie schwer darf jedes dieser Pakete sein?

16.
In einem großen Getränkekasten befinden sich 24 Flaschen, in einem kleinen 16. Ein Händler verkauft durchschnittlich am Tag 30 große und 20 kleine Kästen. Wie viele Flaschen sind das in 5 Tagen? Findest du die vier Teilaufgaben? Rechne sie.

17.
In einem Container befinden sich 5 Kisten zu je 80 kg und 4 Kisten zu 120 kg. Ein Lastwagen kann 3 Container transportieren. Wie viel kg sind das?

18.
Tim braucht neue Skier. Sie kosten 180 €. Hinzu kommt die Bindung für 50 €. Auf seinem Sparkonto hat Tim 80 €. Den Rest will er vom Taschengeld bezahlen. Er bekommt im Monat 30 €. In wie viel Monaten hat er den Restbetrag zusammen?

19.
Der Wochenend-Aufenthalt im Schullandheim kostet für eine Klasse 1600 €. Außerdem muss für die Busfahrt 300 € bezahlt werden. Die Schule gewährt einen Zuschuss von 400 €. Wie teuer wird die Reise für jeden Schüler, wenn in der Klasse 25 Schüler sind?

Rechnen über die Einheit

1. Suche die Textteile aus der Aufgabe heraus, aus denen du die **Einheit** berechnen kannst und **unterstreiche** sie.
   Notiere die Aufgabe und **löse** sie dann.
2. **Unterstreiche** dann die Textteile, die die **zweite Teilaufgabe** betreffen.
   Schreibe die Aufgabe heraus und **löse** sie.

Beispiel Frau Basso will einen Sonntagsbraten kaufen. Sie kann zwischen zwei Stücken wählen. Ein Braten wiegt 4 kg und kostet 24 €. Der andere wiegt 3 kg. Wie teuer ist er?

Zwei Teilaufgaben kannst du hier rechnen:

a) einfach unterstrichen: Wie teuer ist 1 kg?
Schluss auf die Einheit → 24 € : 4 = 6 €

b) doppelt unterstrichen: Wie teuer sind 3 kg? 6 € · 3 = 18 €

1.
Wenn Jürgen mit seinem Fahrrad in 3 Stunden 45 km zurücklegt, wie viel km schafft er dann in 5 Stunden?
Was musst du jeweils in der Teilaufgabe a) und b) rechnen? Notiere es hier:

a) einfach unterstrichen: Wie viel km in 1 Stunde?
Schluss auf die Einheit → ____________________

b) doppelt unterstrichen: Wie viel ____________________?

2.

Nicole kauft für 20 € 4 m Jeansstoff. Wie viel m erhält sie für 24 €? In der ersten Teilaufgabe musst du auch hier auf die Einheit, nämlich 1 € schließen. Unterstreiche die entsprechenden Textteile und schreibe die Teilaufgaben a) und b) heraus.

a) Wie viel ______________________ ? ________________________________

b) ______________________________ ? ________________________________

Versuche die folgenden Aufgaben selbstständig zu lösen:

3.

3 l Motorenöl kosten an der Tankstelle 12 €. Herr Wagner braucht 5 l. Wie viel muss er bezahlen?

4.

Ein Händler verlangt auf dem Wochenmarkt für 8 kg Weißkohl 4 €. Wie viel kg Weißkohl bekommt Martin dann für 3 €.

5.

Elena kauft sich für die Schule 12 neue Filzstifte. 5 Filzstifte kosten 2,50 €. Wie viel muss sie bezahlen?

6.

Ein Flugzeug fliegt in 4 Stunden 3200 km weit. Welche Strecke legt es in 6 Stunden zurück?

7.

Aus einem Rohr fließen in 5 Stunden 2000 l. Wie viel l sind das in 8 Stunden?

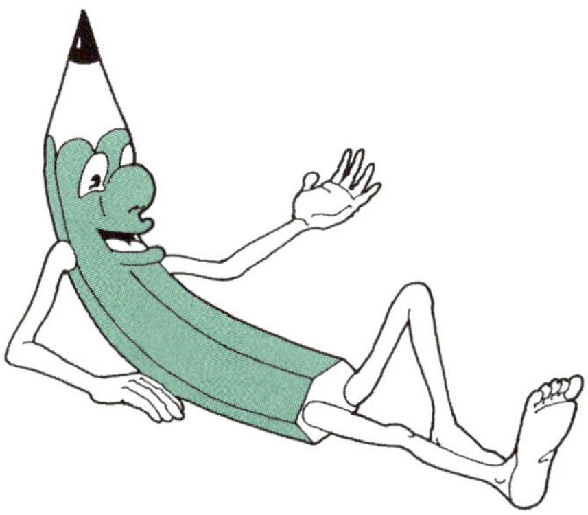

Eine Zeichnung kann helfen

Viele Aufgaben lassen sich leichter lösen, wenn man für sie eine übersichtliche Skizze anlegt. Der Aufgabentext wird dabei in eine Zeichnung übersetzt, aus der man den Lösungsweg ablesen kann.

1. **Zeichne** einen offenen Streifen und fülle ihn aus, indem du die in der Aufgabe gegebenen Größen einträgst. **Beschrifte** auch die einzelnen Abschnitte.
2. **Löse** aus der Zeichnung die **Aufgaben heraus**, die du rechnen musst.
3. Ermittle die **Lösungen**.

Beispiel Für ihre Party kauft Martina 4 große und 3 kleine Packungen Kekse. Die großen Packungen enthalten 30 Kekse, die kleinen nur 24 Kekse. Wie viele Kekse können die Gäste essen?

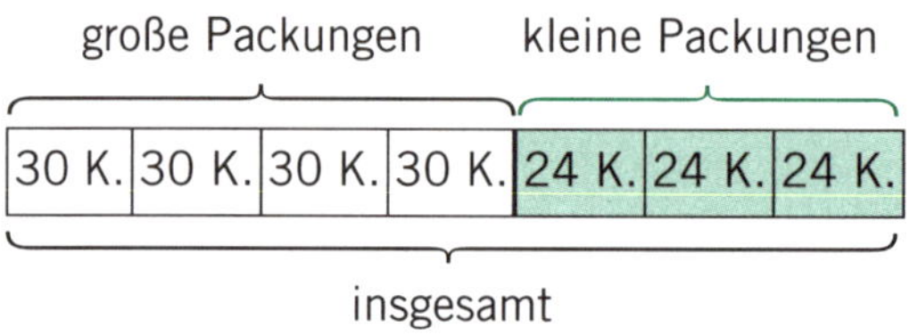

Rechnung: 30 Kekse · 4 = 120 Kekse; 24 Kekse · 3 = 72 Kekse
insgesamt: 120 Kekse + 72 Kekse = 192 Kekse

Beachte Die Kästchen in der Zeichnung müssen **nicht** maßstabsgetreu sein!

1.

Bei einer Sonderaktion verkauft ein Fahrradhändler an einem Tag 8 Herrenräder und 5 Damenräder. Ein Herrenrad kostet 310 €, ein Damenrad nur 280 €. Wie hoch ist die Einnahme?

a) Vervollständige diese Skizze:

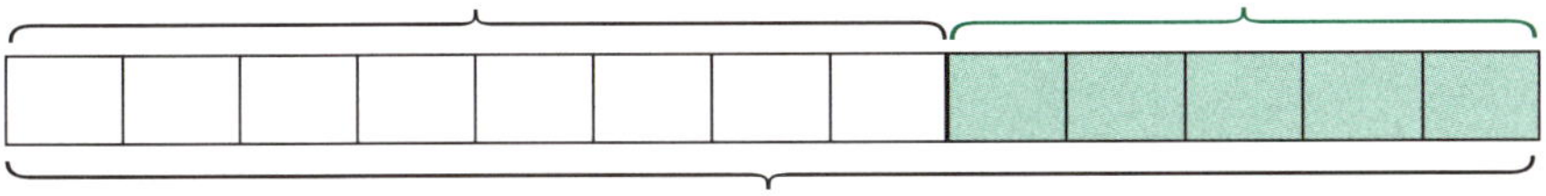

Trage dazu die Angaben aus den Kästchen in die Zeichnung ein:

Herrenräder	Damenräder	310 €	280 €	insgesamt

b) Schreibe hier die Aufgaben heraus, die du rechnen musst.

____________________ ____________________

insgesamt: ________________________________

2.

Lukas kauft für die Schule 5 Hefte und 3 Arbeitsblöcke. Ein Heft kostet 1,50 € und ein Arbeitsblock 2 €. Was muss Lukas an der Kasse bezahlen?

3.

Auf dem Parkplatz vor dem Fußballstadion stehen 12 große und 15 kleine Busse. Die großen Busse haben 58 Sitzplätze, die kleinen nur 34 Sitzplätze. Wie viele Fußballfans sind mit den Bussen gekommen, wenn alle Sitzplätze belegt waren?

4.

Auf einen LKW werden 5 kleine, 3 mittlere und 2 große Kisten verladen. Die kleinen wiegen 15 kg, die mittleren 25 kg und die großen 35 kg. Wie schwer sind alle Kisten zusammen?

Vervollständige die Zeichnung in deinem Heft und rechne die Aufgabe.

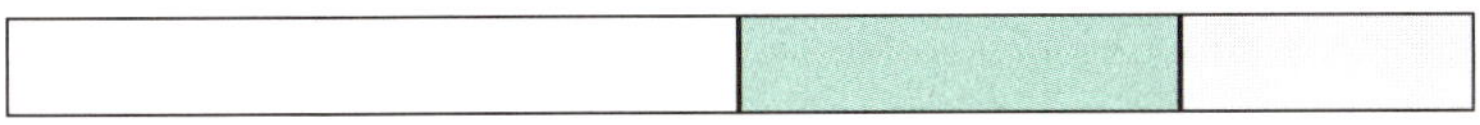

5.

Ein Rennradfahrer ist beim Training für die Tour de France an 3 Tagen je 150 km, an 4 Tagen je 220 km und an einem Tag sogar 280 km gefahren. Wie viele Kilometer sind das insgesamt?

6.

In ein Becken soll Wasser gefüllt werden. Der Vater gießt 8-mal einen Eimer mit je 15 l hinein. Julia hilft ihm und schüttet 4 Eimer mit je 5 l hinzu. Im Becken befinden sich aber schon 25 l. Wie viel l sind es nun?

7.

Heike spart auf einen CD-Player, der 150 € kostet. Sie will 5-mal 15 € von ihrem Taschengeld zurücklegen. 50 € bekommt sie von ihrer Oma. Wie viel € fehlen ihr dann noch?

Für den Preis des CD-Player von 150 € zeichnen wir einen langen Streifen. In ihn hinein kommen die einzelnen Sparbeträge und das Geld von Oma. Der Rest des Streifens zeigt, wie viel Geld Heike noch fehlt.

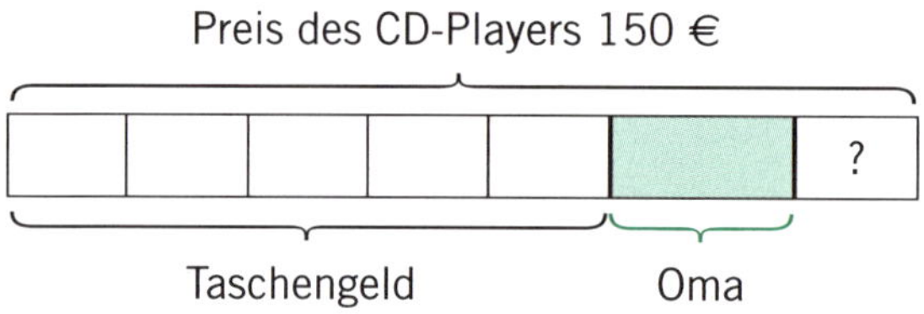

a) Trage die gegebenen Beträge in die Zeichnung ein.

b) Schreibe die Teilaufgaben auf:

_________ · _________ = _________ _________ + _________ = _________

Fehlender Betrag: 150 € – _________ = _________

Fertige für jede der folgenden Aufgaben eine Zeichnung an:

8.

Katrin und Julia wollen ihre Oma, die 560 km entfernt wohnt, mit dem Fahrrad besuchen. 150 km fahren sie mit dem Zug. Dann schaffen sie es, an 5 Tagen je 70 km zurückzulegen. Wie viel km müssen sie noch am letzten Tag fahren?

9.

Dirks Tante wohnt in Augsburg. Er will ihr zum Geburtstag ein Päckchen von 2 kg Gewicht schicken. Folgende Geschenke hat er schon besorgt: 3 Packungen Pralinen zu je 250 g, 150 g Tee und 5 Tafeln Schokolade zu je 100 g. Wie viel g fehlen ihm noch?

10.

Dirk konnte 30 € ausgeben. Für 1 Packung Pralinen bezahlte er 6,50 €, jede Tafel Schokolade kostete 0,60 € und für den Tee hat er 4,50 € ausgegeben. Wie viel Geld behielt er übrig?

11.

Ein Tankwagen enthält 8000 l Heizöl. Wie viel l Öl sind noch im Tank, wenn ein Kunde 1400 l Öl, ein zweiter doppelt so viel und ein dritter nur die Hälfte von der Ölmenge des ersten Kunden bekommt?

12.

Ein Heizungsmonteur schneidet von einem 3 m langen Rohr verschiedene Rohrstücke ab: 4 sind je 20 cm lang, 2 sollen dreimal so lang sein und 5 dürfen nur halb so lang sein wie die ersten. Wie viel cm Rohr bleibt übrig?

13.

Von dieser Aufgabe fehlt der Text. Du sollst ihn aus der Zeichnung ablesen und aufschreiben:

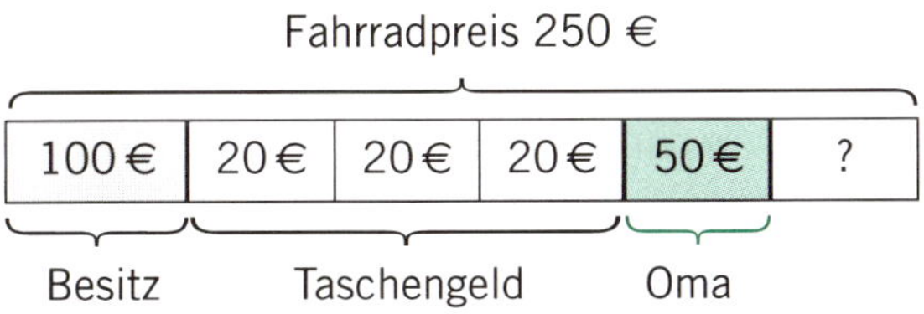

Laura spart ______________________________

____

____

14.

Schreibe einen Text, der zu dieser Zeichnung passt, in dein Heft.

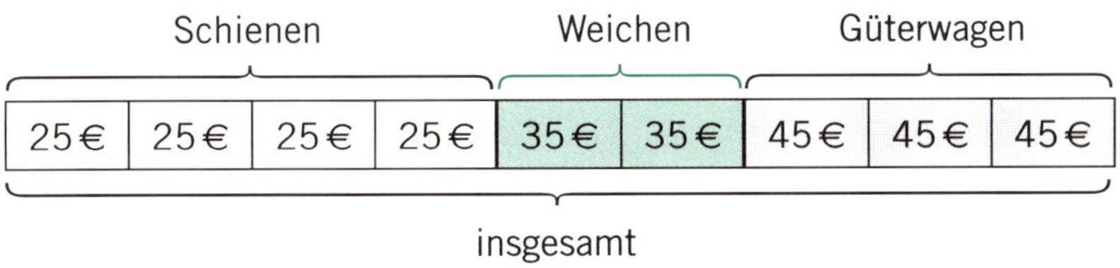

Beginne die Aufgabe so: Stephan kauft …

Tipp Mach dich mit dem **Sachverhalt** jeder Aufgabe vertraut. **Schreibe** vor der Bearbeitung der Aufgabe **heraus**, was **gesucht** und was **gegeben** ist.

15.

Für einen Segeltörn benötigt Sebastian 150 €. Er spart 6-mal 15 € von seinem Taschengeld. Den Rest leiht er sich von seinen Eltern. Er will ihn in 3 Raten zurückzahlen. Wie groß muss jede Rate sein?

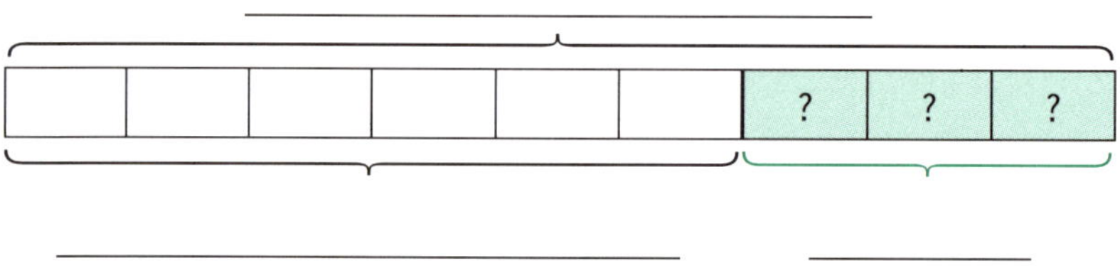

a) Wohin müssen diese Angaben?

Segeltörn 150 €	6-mal Taschengeld	15 €	3 Raten

Trage sie in die Zeichnung ein.

b) Notiere hier die Aufgaben, die du zu rechnen hast:

Taschengeld: ________ · 6 = ________; Rest: ________ – ________ = ________

Rate: ________ : 3 = ________

16.

Drei Freunde wollen eine 160 km lange Wanderung machen. Sie haben 7 Tage Zeit. An den ersten 4 Tagen schafften sie jeweils 25 km. Wie viel km müssen sie an jedem der restlichen 3 Tage zurücklegen? Zeichne den Streifen in dein Heft, beschrifte ihn und löse die sich ergebenden Teilaufgaben.

Wanderung 160 km	4 Tage	25 km	3 Tage

17.

Auf einen Transporter sollen Kisten im Gesamtgewicht von 1000 kg geladen werden. Eine Kiste wiegt 250 kg, 4 Kisten wiegen je 75 kg. Wie schwer muss jede weitere Kiste sein, wenn noch 6 Kisten verladen werden sollen?

Fertige als Lösungshilfe einen Streifen an.

18.

Martins Fahrrad kostet 350 €. Für den Tachometer muss er noch weitere 30 € bezahlen. Auf dem Sparbuch hat Martin 300 €. Den Rest des Preises will er in 4 Monatsraten von seinem Taschengeld abzahlen. Wie groß ist jede Rate?

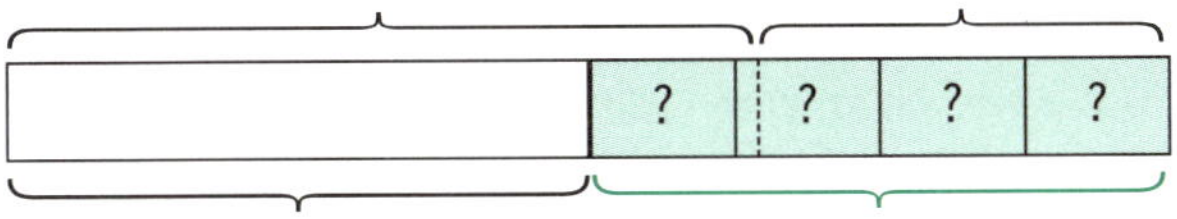

a) Wohin müssen diese Angaben? Trage sie in die Skizze ein.

Fahrrad 350 €	Tachometer 30 €	Sparbuch 300 €	4 Raten

b) Welche Aufgaben musst du rechnen?

Gesamtpreis: _______ + _______ = _______ Rest: _______ – _______ = _______

Rate: ________ : 4 = ________

19.

Jürgens Skiurlaub kostet 200 €. Außerdem muss er 40 € für den Skikurs bezahlen. Er besitzt aber nur 150 €. Den Rest leihen ihm seine Eltern. Er zahlt seinen Eltern monatlich 15 € zurück. Wie viele Monate benötigt er um seine Schulden zurückzuzahlen?

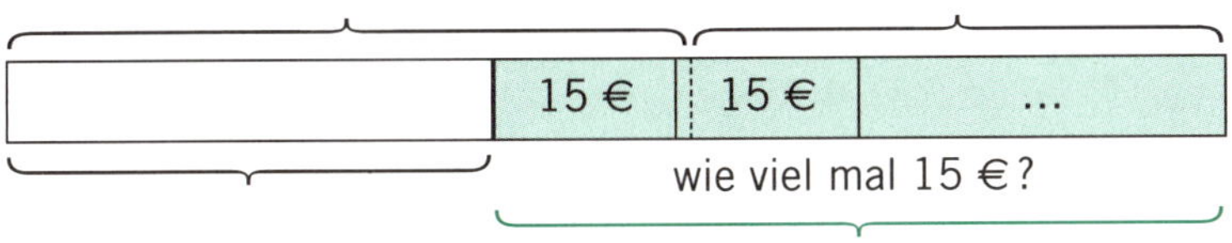

a) Fülle diese Kästchen aus und beschrifte auch die Zeichnung.

Skiurlaub 200 €			? Monate	

b) Notiere die Aufgaben und löse sie:

____

Anzahl der Monate: _______________

Tipp

a) Streifen zeichnen und die Angaben der Aufgabe eintragen.

b) Teilaufgaben aus der Zeichnung ablesen, herausschreiben und lösen.

20.
In Katrins Garten steht ein Wasserbecken. Es soll mit 180 l gefüllt werden. Katrin hat 8 Eimer Wasser zu je 15 l hineingeschüttet. Den Rest will Katrins Schwester mit einem 10-l-Eimer füllen. Wie viele Eimerfüllungen benötigt sie?

21.
Stephan will mit seinem Bruder Georg eine große Radtour unternehmen. Zuerst fahren sie zu ihrer Tante Renate, die 240 km entfernt wohnt. Dann besuchen sie die Großeltern. Das sind noch mal 210 km Entfernung. 100 km reisen sie mit dem Zug an. Dann wollen sie täglich 70 km fahren. Wie viele Tage benötigen sie bis zu den Großeltern?

22.
Familie Biel baut ein Reihenhaus. 360 000 € soll es kosten. Ein Viertel des Betrages geben die Eltern dazu. 100 000 € stammen aus einer Erbschaft. 80 000 € besitzt Familie Biel selbst. Der Rest des Geldes soll auf drei gleich große Darlehen verteilt werden. Wie groß muss jedes Darlehen werden?

23.
Im Kino gibt es in der 1. Preisklasse 4 Reihen zu je 25 Plätzen. In der 2. Klasse sind es doppelt so viele Reihen. Allerdings hat hier jede Reihe nur 20 Plätze. Die 3. Klasse umfasst dagegen halb so viele Reihen wie die erste und jede Reihe hat auch hier 25 Plätze. Über wie viele Plätze verfügt das Kino?

24.
Bei einer Theatervorstellung wurden 160 € eingenommen. 6 Personen kauften Karten der 1. Preisklasse zu 10 € das Stück, 8 Personen Karten der 2. Preisklasse zu je 8 €. Wie viele Personen kauften Karten der 3. Preisklasse zu 6 € das Stück?

Beachte

Zu vielen Aufgaben lässt sich eine Zeichnung anfertigen. Bei manchen Aufgaben wird diese Darstellung aber kompliziert und unübersichtlich. Solche Zeichnungen eignen sich dann nicht als Lösungshilfe.

25.
In einer Dose befinden sich 4 Tennisbälle. 6 Dosen sind in einer Kiste. Im Supermarkt werden 5 Kisten angeliefert. Wie viele Tennisbälle sind das insgesamt?

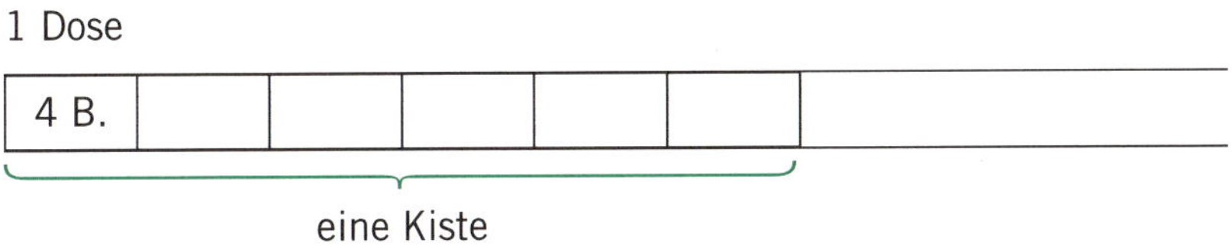

Hilft dir diese unvollständige Zeichnung? Rechne die Aufgabe.

26.
Frau Pape kauft 4 kg Fleisch für 34 €. Wie teuer sind 6 kg der gleichen Sorte?

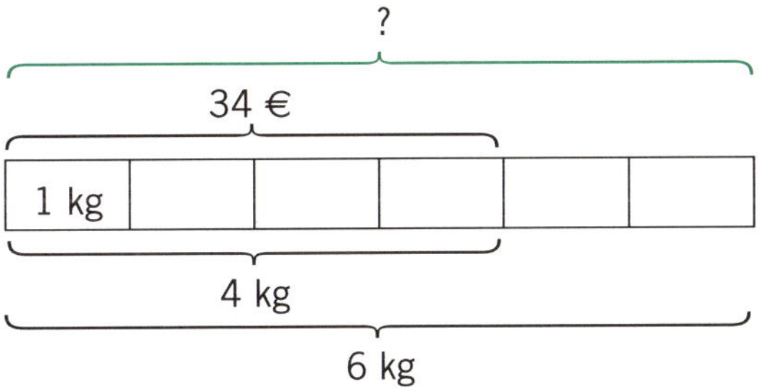

Ist dir diese Abbildung eine Lösungshilfe? Löse die Aufgabe.

27.
Für 24 € erhält man 3 m Stoff. Wie viel m Stoff der gleichen Art bekommt man für 32 €?

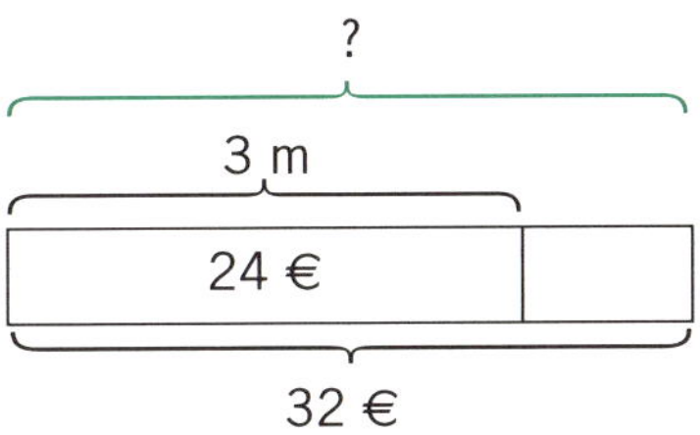

Hilft dir diese Zeichnung weiter? Berechne die Aufgabe.

Unterstreichen oder Zeichnen

Du hast gelernt, dass es oft günstig ist, Textaufgaben in Teilaufgaben zu zerlegen. Dabei wird das Finden der Teilaufgaben erleichtert, wenn man entweder die zusammengehörenden Textteile unterstreicht oder eine Zeichnung anfertigt. Welcher Weg im Einzelfall günstiger ist, muss man einfach ausprobieren.
Bei den folgenden Aufgaben sollst du jeweils **beide** Lösungshilfen einsetzen:

1.
Die Maschine A fertigt in jeder Stunde 4500 Schrauben, die Maschine B 5000 Schrauben. Wie viele Schrauben werden insgesamt pro Stunde hergestellt, wenn die Firma 3 Maschinen vom Typ A und 4 vom Typ B besitzt?

a) Schreibe die Teilaufgaben heraus und löse sie.

____

insgesamt: ________________________

b) Vervollständige die Zeichnung in deinem Heft.

4500 Schr.	

c) Findest du die gleichen Teilaufgaben wie in a)? Schreibe sie auf und löse sie.

2.
Drei Kollegen unternehmen eine Radtour. An 3 Tagen sind sie jeweils 45 km und an 2 Tagen sogar jeweils 55 km gefahren. Sie wollen im Ganzen 400 km zurücklegen. Wie viel km fehlen ihnen noch?

a) Unterstreiche die zusammengehörenden Textteile.

b) Wie lauten die einzelnen Teilaufgaben?

Es fehlen: ____________________________________

c) Fertige eine Zeichnung an. Findest du die gleichen Teilaufgaben?

Bearbeite die folgenden Aufgaben in gleicher Weise in deinem Heft. Unterstreiche die Textteile aber hier im Buch.

3.
Hier wird eingekauft: 3 Hemden zu je 35,50 €, 4 T-Shirts zu je 47 €, eine Hose für 48 €. Wie viel Geld bleibt übrig, wenn mit 500 € bezahlt wird?

4.
Mutter hat beim Einkauf Glück: Alle Preise sind um die Hälfte ermäßigt. Sie kauft ein Kleid, das 140 € kostete. Ferner nimmt sie 3 Paar Strümpfe, von denen jedes Paar vorher 13,50 € kosten sollte und eine Bluse, deren Preis ursprünglich 125 € betrug. Sie bezahlt mit 500 €. Wie viel Geld bekommt sie zurück?

Tipp

Bevor man mit der Lösung beginnt, ist es günstig, die gegebenen Größen auszurechnen.

5.
Herr Bullert will seine Terrasse erneuern. Dazu braucht er 270 Steinplatten. Er kauft 140 rote und halb so viele graue Platten. Die restlichen Platten sind in Paketen zu je 12 Stück abgepackt. Wie viele Pakete muss er mitnehmen?

6.
Blumenhändler Kühl kauft 300 Topfpflanzen auf dem Großmarkt. Er nimmt 8 Paletten mit je 12 Pflanzen und 6 Paletten mit je 10 Pflanzen. Wie viele Paletten mit je 8 Pflanzen fehlen ihm noch?

Bei den nächsten Aufgaben sollst du dich jeweils für eine Lösungshilfe entscheiden:

7.
Bei der Planung einer Ausstellung, die 7 Tage dauern soll, hat man mit 16 000 Besuchern gerechnet. Am ersten Tag kamen 2000, an zwei Tagen je 2500, am nächsten 3000. Wie viele Besucher müssten an den letzten drei Tagen täglich kommen, damit die Gesamtbesucherzahl erreicht wird?

8.
Auf einer kleinen Pizza liegen 4 Scheiben, auf einer mittleren Pizza 6 Scheiben und auf einer großen Pizza 8 Scheiben Salami. In einer Pizzeria werden 5 kleine, 3 mittlere und 4 große Pizzas bestellt. Wie viele Scheiben Salami sind das insgesamt?

9.
Ein Hotel hat 20 Doppelzimmer und 5 Einzelzimmer. Eine Übernachtung im Doppelzimmer kostet 120 €, im Einzelzimmer 80 €. Wie hoch sind die Gesamteinnahmen in einer Woche, wenn alle Zimmer vermietet werden.

10.
Bettina hat sich von ihren Eltern 120 € geliehen. Sie will es so zurückzahlen: 50 € hat sie von ihrer Tante geschenkt bekommen, 20 € verdient sie sich mit Nachhilfeunterricht und den Rest will sie in 4 Monatsraten vom Taschengeld sparen. Wie groß muss jede Rate sein?

11.
Lars kann für seine Eisenbahnanlage 200 € ausgeben. Er nimmt eine Weiche für 44 € und drei Kreuzungen für je 20 €. Wie viele Schienen kann er für den Rest kaufen, wenn eine Schiene 12 € kostet?

12.
In einer Gärtnerei werden Primeln verpackt. In eine große Kiste kommen 120 Pflanzen, in eine kleine nur halb so viele. Es werden 20 große und dreimal so viele kleine Kisten gefüllt. Wie viele Pflanzen sind das insgesamt?

13.
3 kg Putenfleisch werden für 43,50 € angeboten. Wie viel müsste man für 5 kg bezahlen?

Tabellen als Lösungshilfen

In manchen Aufgaben kommen viele Größen vor. Eine Tabelle kann da Ordnung und Übersicht schaffen und so das Lösen erleichtern.

Beispiel

Frau Sommer braucht 3 kg Mehl und 2 kg Zucker. Sie kann zum Supermarkt oder zum Verbrauchermarkt gehen. Sie vergleicht die Preise.
Im Supermarkt kostet 1 kg Mehl 0,60 € und 1 kg Zucker 0,75 €. Im Verbrauchermarkt muss man für 1 kg Mehl 0,55 €, für 1 kg Zucker dagegen 0,90 € bezahlen. Wo kauft die Frau Sommer am günstigsten ein, wenn sie Mehl und Zucker zugleich kauft, und wie viel muss sie bezahlen?

a) Eintragen der Werte der Aufgabe in die Tabelle:

	1 kg Mehl	1 kg Zucker
Supermarkt	0,60 €	0,75 €
Verbrauchermarkt	0,55 €	0,90 €

b) Wie teuer wird der Einkauf?

Supermarkt: $3 \cdot 0{,}60\text{ €} + 2 \cdot 0{,}75\text{ €} = 3{,}30\text{ €}$

Verbrauchermarkt: $3 \cdot 0{,}55\text{ €} + 2 \cdot 0{,}90\text{ €} = 3{,}45\text{ €}$

c) Wo kauft Frau Sommer also am günstigsten ein? Im Supermarkt.

1.

Eine Tapetenrolle kostet im Baumarkt 3,29 €, im Farbengeschäft dagegen 3,50 €. Für eine Dose Farbe muss man im Baumarkt 6,49 € bezahlen, im Farbengeschäft nur 6,29 €. Eine Packung Tapetenkleister wird im Baumarkt für 2,39 €, im Farbengeschäft für 2,95 € angeboten. Herr Heinemann braucht 4 Rollen Tapete, 3 Dosen Farbe und 2 Packungen Tapetenkleister.

a) Vervollständige diese Tabelle:

b) Wie teuer wird der Einkauf im Baumarkt und wie teuer im Farbengeschäft?

c) Wo kauft man am günstigsten ein?

2.

Auch beim Obstkauf lohnt ein Preisvergleich. Auf dem Wochenmarkt wird 1 kg Apfelsinen zu 1,70 €, 1 kg Mandarinen zu 1,40 € und 1 kg Äpfel zu 1,50 € angeboten. Im Supermarkt kostet 1 kg Apfelsinen 1,80 €, 1 kg Mandarinen 1,30 € und 1 kg Äpfel 1,60 €. Du sollst 5 kg Apfelsinen, 3 kg Mandarinen und 2 kg Äpfel kaufen.

a) Lege eine Tabelle an.

b) Führe einen Preisvergleich durch.

c) Wo würdest du kaufen?

3.

Familie Müller kehrt in die Gastwirtschaft „Zum Grünen Kranze" ein. Auf der Rechnung stehen zum Schluss 5 Mixgetränke zu je 2 €, 3-mal Eisbein zu 11,50 € und 3 Salate zu je 4,50 €. Später stellt sie fest, dass im Nachbarrestaurant „Zum Goldenen Adler" ein Mixgetränk nur 1,60 €, eine Portion Eisbein dagegen 11,80 € und ein Salat 4,80 € kostet.
Stelle einen Preisvergleich her. In welcher Gastwirtschaft isst man günstiger? Lege für die Aufgabe eine Tabelle an.

4.

Julia und Kilian haben einen Stand auf dem Flohmarkt. Julia hat schon 4 Spiele zu je 2,50 €, 2 Kassetten zu je 1,50 € und 3 Stofftiere zu je 0,50 € verkauft. Kilian konnte dagegen 5 Spiele, 3 Kassetten und 1 Stofftier verkaufen. Wie viel € hat jedes Kind schon eingenommen?

Vervollständige die Tabelle:

	1 Spiel 2,50 €		
Julia	4		
Kilian			

Rechne im Heft:

Julia: ____________________ Kilian: ____________________

Tipp

Manche Aufgaben kannst du durch Probieren lösen. Beim Probieren musst du allerdings systematisch vorgehen, damit du keinen wichtigen Einzelfall übersiehst. Dieses systematische Probieren lässt sich am günstigsten in einer Tabelle durchführen.

5.

Wie viele Schüler sind in der 5. Klasse? Wenn sie sich in Dreierreihen aufstellen, bleiben 2 übrig. Stellen sie sich dagegen in Viererreihen auf, so bleiben 3 übrig.

a) Vervollständige diese Tabelle:

Dreierreihen	$1 \cdot 3 = 3$	$2 \cdot 3 = 6$	$3 \cdot 3 = 9$	12	15		
1) Dreierreihen mit 2 übrig	5 $(3 + 2 = 5)$	8 $(6 + 2 = 8)$	11				
Viererreihen	$1 \cdot 4 = 4$	$2 \cdot 4 = 8$	$3 \cdot 4 = 12$	16	20		
2) Viererreihen mit 3 übrig	7 $(4 + 3 = 7)$	11					

b) Vergleiche die Zahlen von 1) und 2). Welcher Wert taucht erstmals doppelt auf? ______

c) Setze die Tabelle fort. Welche Zahl taucht dann doppelt auf? ______

d) Wie viele Schüler sind also in der 5. Klasse? ____________________
Begründe deine Antwort.

6.

Gesucht wird eine Zahl. Teilen wir diese Zahl durch 5, erhalten wir als Rest 2. Teilen wir sie dagegen durch 6, so ist der Rest 1.

a) Vervollständige diese Tabelle um weitere 6 Zahlen. Arbeite in deinem Heft.

teilbar durch 5	5	10	
mit Rest 2	7 (7 : 5 = 1 R 2)	12 (12 : 5 = 2 R 2)	
teilbar durch 6	6		
mit Rest 1	7 (7 : 6 = 1 R 1)		

b) Welche Zahlen findest du? 7 ist die erste Zahl. Suche eine weitere.

7.

In eine Badeanstalt kommen in jeder Stunde 100 Besucher. 50 Besucher bleiben davon 4 Stunden, die anderen 50 gehen schon nach 3 Stunden. Um 9 Uhr öffnet die Badeanstalt. Wie viele Besucher sind um 9, 10, 11, 12, 13 und 14 Uhr in der Badeanstalt?

Uhrzeit	9	10	11	12	13	14	15	16	17
Besucher	100	100	100	50					

In der Tabelle sind die Besucherzahlen eingetragen, die um 9 Uhr gekommen sind. Um 9 Uhr, 10 Uhr, 11 Uhr sind noch <u>alle</u> 100 Besucher in der Badeanstalt. Um 12 Uhr sind dagegen nur noch 50 Besucher da.

a) Jetzt haben wir noch die Besucherzahlen in die Tabelle eingefügt, die um 10 Uhr gekommen sind. Trage in jedes Feld der Tabelle ein, wie viele Besucher es jeweils sind.

Uhrzeit	9	10	11	12	13	14	15	16	17
Besucher	100	100	100	50					
		100	100	100	50				
insgesamt	100	200	___	___	___				

b) Notiere jetzt die um 11 Uhr ankommenden Besucherzahlen. Trage in jedes Feld ein, wie viele Besucher es nun insgesamt sind.

Uhrzeit	9	10	11	12	13	14	15	16	17
Besucher	100	100	100	50					
		100	100	100	50				
			100	___	___	___			
insgesamt	100	200	300	___	___	___			

c) Zeichne die Tabelle in dein Heft. Trage die Besucherzahlen ein, die jeweils um 12 Uhr, 13 Uhr und 14 Uhr ankommen. Wie viele Besucher sind demnach um 9, 10, 11, 12, 13 und 14 Uhr in der Badeanstalt?

Für die folgenden Aufgaben kannst du jeweils die Tabelle selbst anlegen.

In der Tabelle stehen **unten** die Größen, nach denen gefragt wird. **Tipp**

8.
In den Zoo gehen jede Stunde 400 Besucher. 200 von ihnen bleiben 2 Stunden. 200 verlassen den Zoo erst nach 3 Stunden. Um 9 Uhr öffnet der Zoo. Wie viele Besucher befinden sich um 9, 10, 11, 12, 13 und 14 Uhr im Zoo? Löse wie in Aufgabe 7.

9.
Ein Ferienort wird jede Woche von 300 Urlaubern besucht. 200 von ihnen bleiben 2 Wochen, die anderen 100 sogar 3 Wochen. Wie viele Urlauber sind in dem Ferienort in der 1., 2., 3., 4., 5. und 6. Woche?

Woche	1.	2.	
Urlauber			

10.
Ein anderer Ferienort wird von 500 Kurgästen besucht. 400 von ihnen bleiben 2 Wochen, 100 sogar 3 Wochen. Wie viele Kurgäste sind jetzt jeweils in der 1. bis 6. Woche im Ferienort?

11.
Am Montag geht die Radtour los. Die Freunde legen an diesem Tag 65 km zurück. Von Dienstag bis Freitag schaffen sie täglich 75 km. Die Radtour geht bis Sonntagabend. Wie viel km müssen die Freunde an den restlichen Tagen durchschnittlich zurücklegen, wenn sie sich für die Tour insgesamt 500 km vorgenommen haben?

a) Fülle die Tabelle aus.

Mo.	Di.	Mi.	Do.	Fr.	Sa.	So.
65 km						

b) Wie viel km bleiben für die restlichen Tage übrig? ____________________

c) Welche Strecken müssen sie also durchschnittlich an den restlichen Tagen zurücklegen? ____________________

12.
Ein Bauer hat sich verpflichtet in der Woche 1000 l Milch an die Molkerei abzuliefern. Von Montag bis Mittwoch liefert er täglich 150 l Milch. Am Donnerstag sind es nur 130 l. Wie viel l muss er an den restlichen Tagen täglich abliefern?

a) Lege dir eine Tabelle an und fülle sie aus.

b) Ermittle, wie viel l für die restlichen Tage übrig bleiben.

c) Bestimme die durchschnittliche Milchmenge für jeden der restlichen Tage.

13.
Herr Wandtke kontrolliert den Ölverbrauch seiner Heizung. Er möchte im Winter nicht mehr als 300 l Öl in der Woche verheizen. Am Montag brauchte die Heizung 35 l, Dienstag und Mittwoch waren es jeweils 42 l und am Donnerstag 46 l. Wie viel l darf er jeweils an den restlichen Tagen verheizen? Arbeite wie in Aufgabe 12.

14.
In einer anderen Woche hat Herr Wandtke folgenden Ölverbrauch notiert: Montag 42 l, Dienstag und Mittwoch jeweils 39 l, Donnerstag bis Samstag 45 l pro Tag und am Sonntag 25 l. Wie viel l sind das durchschnittlich am Tag? Lege auch hier eine Tabelle an.

15.
Martin spart jeden Monat. Im Januar waren es 10 €, von Februar bis Mai jeweils 20 €, im Juni 30 €, von Juli bis September je 15 € und von Oktober bis Dezember immer 25 €. Wie viel € waren das durchschnittlich im Monat?

16.
Auch Jessica spart jeden Monat. Von Januar bis April legte sie jeweils 15 € zurück, im Mai waren es 40 € und von Juni bis Oktober immer 20 €. Wie viel muss sie in den restlichen Monaten sparen, wenn sie am Ende des Jahres insgesamt 250 € haben möchte?

17.

4 kg Kartoffeln kosten 6 €. Wie teuer sind 5 kg?
Auch für solche Aufgaben lässt sich eine Tabelle anlegen:

$:4$ $\quad\cdot 5$

4 kg	1 kg	5 kg
6 €		

$:4$ $\quad\cdot 5$

a) Wie teuer ist demnach 1 kg? Trage den Wert in die Tabelle ein.

b) Berechne nun den Preis von 5 kg.

18.

Für 8 € erhält man 4 kg Nektarinen. Wie viel kg erhält man für 6 €?
In dieser Aufgabe ist nach kg gefragt, deshalb sieht die Tabelle so aus:

$:8$ $\quad\cdot 6$

8 €	1 €	6 €
4 kg		

$:8$ $\quad\cdot 6$

Fülle die Tabelle aus.

19.

3 m Stoff kosten 48 €. Wie teuer sind 4 m?

20.

Für 3 € erhält man eine 24 m lange Leine. Wie viel m Leine erhält man für 4 €?

21.

Aus einer Wasserleitung fließen in 8 Stunden 560 l. Wie viel l sind es in 10 Stunden?

22.

Mit 6 l Benzin fährt ein Motorrad 120 km weit. Welche Strecke schafft das Motorrad mit 8 l?

Aufgaben ohne vorgegebene Lösungshilfe

Bei den folgenden drei Aufgaben wird dir immer noch gesagt, mit welcher Lösungshilfe du die betreffende Aufgabe lösen sollst. Danach bestimmst du das dann selbst.
Jede Aufgabe sollst du mehrfach mit unterschiedlichen Lösungshilfen bearbeiten. Das Unterstreichen kannst du hier im Buch durchführen.

1.
Marco kauft ein: 3 l Milch zu je 0,60 €, 6 Brötchen zu je 40 ct und ein Brot für 2,50 €. Er bezahlt mit einem 10-€-Schein. Wie viel erhält er zurück?

a) Fertige eine Zeichnung an.

b) Löse durch Unterstreichen.

2.
Florian und Stephan wandern eine Woche im Schwarzwald. An den ersten drei Tagen schaffen sie jeweils 20 km. Am vierten Tag sind es sogar 30 km. Wie viel km müssen sie an den restlichen Tagen jeweils wandern, wenn sie insgesamt 150 km zurücklegen wollen?

a) Verwende eine Zeichnung.

b) Lege eine Tabelle an.

c) Löse durch Unterstreichen.

3.
3 kg Fleisch kosten 15 €. Wie teuer sind 4 kg?

a) Arbeite mit einer Tabelle.

b) Löse durch Unterstreichen.

Tipp

Beachte beim Aufgabenlösen die Lösungsschritte 2 **(Sachverhalt)**, 3 **(gesucht)** und 4 **(gegeben)** des Lösungsplanes.

4.

Auf einen Berg führen zwei Seilbahnen. Von der ersten Seilbahn fasst jede Gondel 80 Personen. In die Gondeln der zweiten Seilbahn gehen 60 Personen hinein. Die große Seilbahn fährt jede Stunde 6-mal, die kleine 10-mal. Wie viele Personen können die Seilbahnen in einer Stunde transportieren?

5.

In dem Restaurant der Bergstation sind 320 Personen. 25 von ihnen wollen auf dem Berg übernachten und 45 ins Tal hinabsteigen. Wie viel mal muss die Seilbahn fahren, um die restlichen Personen ins Tal zu bringen, wenn eine Gondel 50 Personen aufnehmen kann?

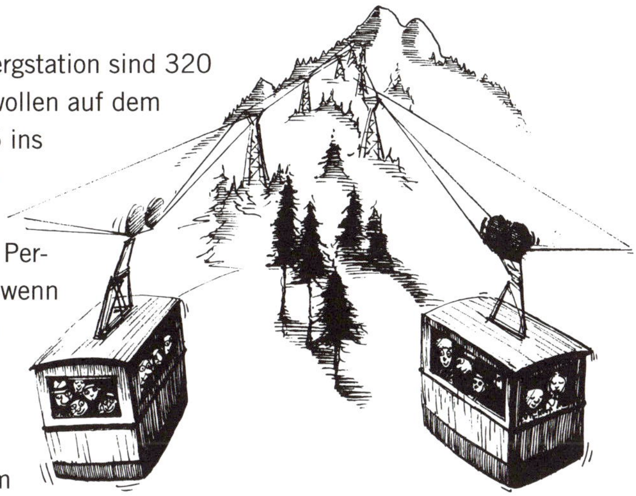

6.

Die Seilbahn hat an einem Tag 1200 Personen befördert. Die Hälfte von ihnen hatte eine Karte für Berg- und Talfahrt gekauft. Ein Drittel aller Personen hatte nur die Bergfahrt genommen. Der Rest hatte nur eine Talfahrtkarte. Eine Berg- und Talfahrt kostet 10 €, die Bergfahrt 8 € und die Talfahrt 5 €. Berechne die Einnahmen des Seilbahnbesitzers.

7.

Frau Behrens sucht Stoff für ein neues Kostüm. Ihr gefällt ein Stoff, von dem 3 m mit 75 € ausgezeichnet sind. Sie benötigt aber 4 m. Was muss sie bezahlen?

8.

In einen Wintersportort reisen jede Woche 600 Urlauber. 400 von ihnen bleiben 2 Wochen, der Rest drei Wochen. Wie viele Urlauber befinden sich in dem Ort nach 1, 2, 3, …, 6 Wochen?

Kontrolle und Antwortsatz

1.

Wo wurde hier falsch gerechnet? Kontrolliere jede Aufgabe durch Gegenrechnung. Verbessere die Fehler.

a) In eine große Colakiste passen 12 Flaschen, in eine kleine nur 10 Flaschen. Frau Sander kauft 5 große und 8 kleine Kisten. Wie viele Colaflaschen kauft sie insgesamt?

Rechnung:	**Kontrolle:**
12 Flaschen · 5 = 50 Flaschen	130 Flaschen – ________ = ________
10 Flaschen · 8 = 80 Flaschen	80 Flaschen ____________________
50 Flaschen + 80 Flaschen = 130 Flaschen	50 Flaschen ____________________

b) Anja möchte sich einen neuen Tennisschläger für 160 € kaufen. Sie hat schon 8-mal 12 € von ihrem Taschengeld zurückgelegt. Den noch fehlenden Betrag will sie in 4 Monaten ansparen. Wie viel € sind das in jedem Monat?

Rechnung:	**Kontrolle:**
12 € · 8 = 96 €	______________________________
160 € – 96 € = 24 €	______________________________
24 € : 4 = 6 €	

c) Ein Sportverein besitzt 200 Bälle, die in Schränken aufbewahrt werden. Im ersten Schrank sind 4 Fächer mit jeweils 15 Bällen gefüllt. Der zweite Schrank enthält 5 Fächer mit jeweils 25 Bällen. Wie viele Bälle fehlen?

Rechnung:	**Kontrolle:**
15 Bälle · 4 = 60 Bälle	______________________________
25 Bälle · 5 = 125 Bälle	______________________________
60 Bälle + 125 Bälle = 195 Bälle	______________________________
200 Bälle – 195 Bälle = 5 Bälle	

1. **Aufgabe:** Beispiel
   In einer Gärtnerei wurden 40 Kisten mit je 25 Stiefmütterchen gefüllt. 520 Stiefmütterchen waren gelb, die übrigen blau. Wie viele blaue Stiefmütterchen wurden verpackt?

2. **Sachverhalt:**
   Blaue und gelbe Stiefmütterchen wurden verpackt.

3. **Gesucht:**
   Anzahl der blauen Stiefmütterchen

4. **Gegeben:**
   Gesamte Stiefmütterchen: 40 Kisten mit je 25 Stiefmütterchen
   Gelbe Stiefmütterchen: 520

5. **Lösungsweg** (Zeichnung als Lösungshilfe):

   Es ist nicht notwendig, alle 40 Kisten in den Streifen zu zeichnen! Beachte

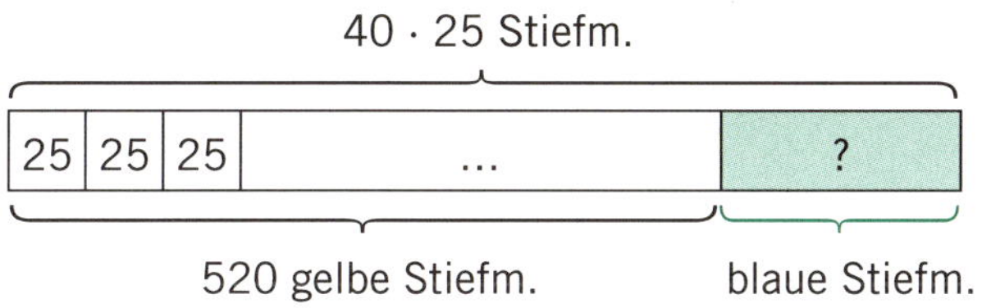

6. **Rechnung:**
   Insgesamt: 40 · 25 Stiefm. = 1000 Stiefm.

   Blaue Stiefm.: 1000 Stiefm. – 520 Stiefm. = 480 Stiefm.

7. **Kontrolle:**
   480 Stiefm. + 520 Stiefm. = 1000 Stiefm.
   1000 : 25 = 40 → 40 Kisten

8. **Antwortsatz:**
   Es wurden 480 blaue Stiefmütterchen verpackt.

2.

Auch hier sollst du die Leerstellen ausfüllen:

1. **Aufgabe:**
   Erwachsene müssen für eine Kinokarte 8 €, Schüler 6 € bezahlen. An der Kinokasse werden täglich etwa 250 Karten für Erwachsene und 150 für Schüler verkauft. Wie groß ist die Gesamteinnahme in einer Woche?

2. **Sachverhalt:**
   Verkauf von Kinokarten für Erwachsene und Schüler in einer Woche.

3. **Gesucht:** ______________________________

4. **Gegeben:** ______________________________

5. **Lösung** (Unterstreichen als Lösungshilfe):
   Um das Unterstreichen ausführen zu können, haben wir hier den Aufgabentext noch einmal angegeben.
   Erwachsene müssen für eine Kinokarte 8 €, Schüler 6 € bezahlen. An der Kinokasse werden täglich etwa 250 Karten für Erwachsene und 150 für Schüler ver kauft. Wie groß ist die Gesamteinnahme in einer Woche?

6. **Rechnung:**
   Erwachsene: ______________________________

   Schüler: ______________________________

   täglich: ______________________________

   in einer Woche: ______________________________

7. **Kontrolle:** ______________________________

8. **Antwortsatz:** ______________________________

Bearbeite die folgenden Aufgaben wie in den vorigen Beispielen.

3.

Frau Oppermann kauft für den Urlaub ein: 3 Paar Badelatschen zu je 15 €, 2 Strandtaschen zu je 12,50 € und 5 Rätselhefte zu je 1,50 €. Sie bezahlt mit einem 100-€-Schein. Wie viel € erhält sie zurück?

4.

Onkel Rudi ist Vertreter. Er ist viel mit dem Auto unterwegs. Am Montag fährt er 170 km, Dienstag und Mittwoch sind es jeweils 150 km, Donnerstag und Freitag jeweils 200 km. Wie viel km sind das im Durchschnitt täglich?

Jetzt kannst du alleine rechnen

Bei den folgenden Aufgaben sollst du selbst entscheiden, wie du vorgehen willst. Kannst du eine Aufgabe sofort lösen, brauchst du natürlich keinen Lösungsplan. Wenn du bei schwierigen Aufgaben nach dem Lösungsplan arbeitest, kannst du dir die Schreibarbeit vereinfachen, indem du Punkt 2 und 7 im Kopf bearbeitest.

1.

Ein Lkw kann 1000 kg transportieren. Er wird mit 3 Kisten zu je 120 kg und 5 Kisten zu je 100 kg beladen. Es sind noch Kisten da, von denen jede 70 kg wiegt. Wie viele solcher Kisten können noch verladen werden?

2.

An der Tankstelle kostet 1 l Benzin 1,05 €. Herr Huber tankt 35 l. Außerdem benötigt er 2 l Öl zu 4,50 € pro l. Er zahlt mit einem 100-€-Schein. Wie viel erhält er zurück?

3.

Im Supermarkt kostet 1 kg Aufschnitt 8,70 €, 1 kg Mettwurst 14,20 € und 1 kg Rindfleisch 18,20 €.
Im Verbrauchermarkt muss man für 1 kg Aufschnitt 7,90 €, für 1 kg Mettwurst 14,50 € und für 1 kg Rindfleisch 18,50 € bezahlen. Es werden 3 kg Aufschnitt, 2 kg Mettwurst und 4 kg Rindfleisch gekauft. Wie teuer wird der Einkauf im Supermarkt und im Verbrauchermarkt? Wo kauft man also am günstigsten ein?

4.

Für 20 € kann man 24 l Diesel tanken. Wie viel l bekommt man für 30 €?

5.

30 Radiergummis passen in einen großen Karton, in einen kleinen dagegen nur ein Drittel davon. 12 große Kartons sind gefüllt und doppelt so viele kleine. Wie viele Radiergummis wurden verpackt?

4 Textaufgaben mit Zeitangaben

Stunden – Minuten – Sekunden

In vielen Textaufgaben findest du Angaben über **Zeitpunkte** und **Zeitspannen**. Es ist daher wichtig, dass du mit Zeiteinheiten umgehen kannst. Du sollst deshalb hier zunächst das Rechnen mit Zeiteinheiten wiederholen und üben. Die vorkommenden Textaufgaben löst du, wie du es in den Kapiteln 2 und 3 gelernt hast.

Zwischen **Stunden**, **Minuten** und **Sekunden** besteht der folgende Zusammenhang:

1 Stunde (h) = 60 Minuten (min)
1 Minute = 60 Sekunden (s)

·60 ·60

1 s → 1 min → 1 h

1.
Wandle in die Zeiteinheiten um.

a) Wandle so in min um: 3 h = 3 · 60 min = 180 min

4 h; 7 h; 12 h; 20 h; 8 h; 30 h

b) in s: 4 min = 4 · 60 s = 240 s

3 min; 20 min; 10 min; 8 min; 40 min; 7 min

c) in min: 240 s = 4 min, weil 240 s : 60 s = 4

360 s; 600 s; 120 s; 420 s; 1800 s; 2400 s

d) in h: 180 min = 3 h, weil 180 min : 60 min = 3

240 min; 120 min; 420 min; 600 min; 1200 min; 60 min

2.

Häufig muss man Bruchteile von Stunden und Minuten berechnen.

Beachte

$\frac{1}{4}$ h = 1 h : 4 = 60 min : 4 = 15 min

$\frac{3}{4}$ h = $\frac{1}{4}$ h · 3 = 15 min · 3 = 45 min

$2\frac{1}{4}$ h = 2 h + $\frac{1}{4}$ h = 120 min + 15 min = 135 min

Fülle die Tabellen aus:

a)

Stunden	Minuten
$\frac{1}{2}$ h	30 min
$\frac{1}{4}$ h	
$\frac{3}{4}$ h	
$2\frac{1}{2}$ h	
$3\frac{3}{4}$ h	

b)

Minuten	Sekunden
$\frac{1}{4}$ min	15 s
$1\frac{1}{4}$ min	
$3\frac{1}{2}$ min	
$4\frac{3}{4}$ min	
$5\frac{1}{2}$ min	

c)

Stunden	Minuten
$5\frac{1}{2}$ h	330 min
$7\frac{1}{4}$ h	
$10\frac{3}{4}$ h	
$4\frac{1}{2}$ h	
$8\frac{3}{4}$ h	

3.

Wandle wie im Beispiel um:

Die Schreibweise 1 h 20 min bedeutet:

1 h 20 min = 1 h + 20 min = 60 min + 20 min = 80 min

a) 3 h 12 min = 192 min

4 h 40 min = ____________

5 h 10 min = ____________

12 h 5 min = ____________

b) 4 min 12 s = 252 s

3 min 40 s = ____________

10 min 8 s = ____________

9 min 25 s = ____________

4.

Verwandle jeweils in die größere Einheit:

a) 80 s = 1 min 20 s

150 s = ____________

260 s = ____________

b) 75 min = 1 h 15 min

105 min = ____________

160 min = ____________

Rechnen mit Zeitspannen

Beispiel **Zeitspannen lassen sich so addieren und subtrahieren:**

1 h 35 min + 2 h 45 min = 3 h 80 min = 4 h 20 min

6 min 10 s – 2 min 45 s = 5 min 70 s – 2 min 45 s = 3 min 25 s

So kann man Zeitspannen multiplizieren und dividieren:

2 h 25 min · 3 = 6 h 75 min = 7 h 15 min

6 h 35 min : 5 = 5 h 95 min : 5 = 1 h 19 min

oder: 6 h 35 min : 5 = 395 min : 5 = 79 min = 1 h 19 min

1.
Rechne im Heft:

a) 3 h 50 min + 2 h 20 min
4 h 27 min + 1 h 45 min
3 h 29 min + 55 min
6 h 12 min + 1 h 48 min

b) 4 min 25 s + 3 min 50 s
3 min 12 s + 58 s
7 min 20 s + 8 min 50 s
12 min 5 s + 4 min 30 s

c) 6 h 25 min – 2 h 40 min
7 h 10 min – 5 h 30 min
4 h 35 min – 3 h 40 min
3 h 5 min – 35 min

d) 3 min 17 s – 1 min 25 s
4 min 3 s – 3 min 10 s
5 min 24 s – 48 s
6 min 29 s – 3 min 40 s

2.
Berechne:

a) 3 h 15 min · 5
4 h 20 min · 3
1 h 12 min · 8
4 h 15 min · 4

b) 2 min 24 s · 3
8 min 5 s · 6
3 min 35 s · 2
48 s · 6

c) 5 h 44 min : 2
3 h 15 min : 5
8 h 45 min : 3
9 h 20 min : 4

d) 8 min 24 s : 3
2 min 50 s : 5
3 min 48 s : 4
11 min 34 s : 2

Tipp
Beim Lösen der Textaufgaben solltest du an die Lösungspläne denken! Rechne die gegebenen Größen in kleinere Zeiteinheiten um.

3.
Henning hat im Fernsehen zwei Sendungen gesehen: Die erste dauerte 1 h 35 min und die zweite 1 h 40 min. Wie lange hat er insgesamt ferngesehen?

4.
Auf Renates Videokassette sind noch 3 h 10 min frei. Sie will eine Sendung aufnehmen, die 1 h 45 min lang ist. Welche Zeitspanne bleibt dann noch übrig?

5.
Ein Abenteuerfilm von 4 h 15 min Gesamtlänge soll in drei gleich langen Teilen gesendet werden. Wie lange dauert jede Sendung?

Zeitpunkte – Zeitspannen

Beispiel Die Bahnhofsuhr zeigt 8 Uhr 55 Minuten. Man schreibt für diesen **Zeitpunkt** 8.55 Uhr. Der Zug kommt in 35 Minuten. Dieser Wert heißt **Zeitspanne** oder **Zeitdauer**.
Zu welchem Zeitpunkt kommt demnach der Zug an?

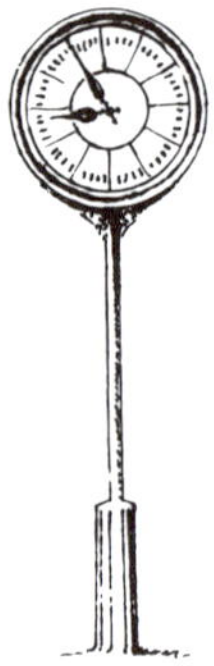

Du kannst diese Aufgabe so rechnen:
8.55 Uhr bedeutet: Seit Mitternacht sind 8 h 55 min verstrichen. 8 h 55 min + 35 min = 8 h 90 min = 9 h 30 min.
Aus 9 h 30 min ergibt sich als gesuchter Zeitpunkt 9.30 Uhr.

1.
Wie spät ist es jeweils, wenn

a) seit 9.45 Uhr
35 min; 1 h 30 min; 2 h 15 min; 4 h 30 min verstrichen sind?

b) seit 12.37 Uhr
45 min; 2 h 15 min; 4 h 25 min; 7 h 20 min vergangen sind?

2.
a) Eine Uhr geht 38 Minuten vor. Wie spät ist es in Wirklichkeit, wenn die Uhr
8.17 Uhr; 9.05 Uhr; 15.20 Uhr zeigt?

Bedenke Wirkliche Zeit beim

Vorgehen → (–) Nachgehen → (+)

b) Eine Uhr geht 43 min nach. Wie spät ist es jetzt in Wirklichkeit, wenn die Uhr
11.57 Uhr; 19.35 Uhr; 21.46 Uhr zeigt?

3.
Es ist 11.28 Uhr. Wie spät ist es nach 45 min, nach weiteren 45 min und nach noch weiteren 30 min?

4.
Welche Uhrzeiten ergeben sich jeweils nach 48 min? Es ist jetzt 12.15 Uhr; 17.38 Uhr; 23.35 Uhr; 0.27 Uhr.

Beispiel

Welche Zeitspanne ist hier verstrichen?

14:35 **16:15**

Du kannst diese Aufgabe durch **Ergänzen** lösen:

14 h 35 min + ___________ = 16 h 15 min

14 h 35 min + 1 h = 15 h 35 min

15 h 35 min + 40 min = 16 h 15 min

also 1 h 40 min.

Oder du kannst sie durch **Subtrahieren** lösen:

16 h 15 min – 14 h 35 min =

15 h 75 min – 14 h 35 min = 1 h 40 min.

5.

Ermittle die Zeitspannen:

a) 8.25 Uhr bis 10.12 Uhr b) 10.35 Uhr bis 14.15 Uhr

6.

Die Sonne ist am 1. Januar um 8.25 Uhr aufgegangen und um 16.50 Uhr untergegangen. Am 1. Juni schien sie dagegen von 4.11 Uhr bis 20.40 Uhr.

a) Wie lange schien die Sonne jeweils an den Tagen?

b) Um welche Zeitspannen ist die Sonne am 1. Juni früher aufgegangen und später untergegangen als am 1. Januar?

7.

Ein Vormittag im Zeltlager ist so geplant:

7.45 Uhr aufstehen, 20 min waschen, 35 min frühstücken, $2\frac{1}{4}$ h Sport, 50 min Freizeit und 45 min Unterricht.

Wann sind die Tätigkeiten jeweils beendet? Gib hier die Zeitpunkte an:

7.45 Uhr ___________ ___________ ___________

___________ ___________

8.

Ein Handwerker hat diese Tabelle angelegt. Fülle sie vollständig aus.

Arbeitsbeginn	7.15 Uhr	9.55 Uhr		15.15 Uhr
Arbeitsende		11.10 Uhr	15.00 Uhr	17.05 Uhr
Arbeitszeit	1 h 55 min		2 h 10 min	

Tage – Wochen – Monate – Jahre

Für die größeren Zeitspannen verwendet man die Zeiteinheiten **Tage** (d), **Wochen** (Wch.), **Monate** (Mon.) und **Jahre** (J.). Die Monate sind unterschiedlich lang. So hat z. B. der Januar 31 Tage, der Februar dagegen 28 Tage und im Schaltjahr sogar 29 Tage. Aus diesem Grund gibt es keine feste Umrechnungszahl für die Anzahl der Tage bzw. Wochen im Monat.

1 **Tag** = 24 Stunden (h)
1 **Woche** = 7 Tage (d)
1 **Jahr** = 12 Monate (Mon.)

1 h $\xrightarrow{\cdot 24}$ 1 d $\xrightarrow{\cdot 7}$ 1 Wch.

1 Mon. $\xrightarrow{\cdot 12}$ 1 J.

1.
Rechne um:

a)

Tage	Stunden
4 d	96 h
7 d	
10 d	
	48 h

b)

Tage	Stunden
$\frac{1}{2}$ d	12 h
$\frac{1}{4}$ d	
$\frac{3}{4}$ d	
$2\frac{1}{2}$ d	

c)

Wochen	Tage
4 Wch.	28 d
6 Wch.	
10 Wch.	
	14 d

2.
Wandle um:

a)

Jahre	Monate
3 J.	36 Mon.
5 J.	
	60 Mon.
10 J.	

b)

Jahre	Monate
$\frac{1}{2}$ J.	6 Mon.
$\frac{1}{4}$ J.	
$\frac{3}{4}$ J.	
$1\frac{1}{2}$ J.	

c)

Tage	Wochen
21 d	3 Wch.
77 d	
140 d	
	6 Wch.

3.

a) 5 d 7 h = 127 h
3 d 2 h =
6 d 20 h =
7 d 4 h =

b) 50 h = 2 d 2 h
70 h =
130 h =
30 h =

c) 3 Wch. 5 d = 26 d
4 Wch. 3 d =
7 Wch. 2 d =
10 Wch. 6 d =

d) 40 d = 5 Wch. 5 d
20 d =
85 d =
60 d =

e) 4 J. 2 Mon. = 50 Mon.
3 J. 5 Mon. =
7 J. 1 Mon. =
2 J. 10 Mon. =

f) 40 Mon. = 3 J. 4 Mon.
20 Mon. =
45 Mon. =
70 Mon. =

Tipp Kommen in den Aufgaben wie hier verschiedene Zeiteinheiten vor, so rechne sie zunächst in die kleineren Zeiteinheiten um.

4.

Die großen Ferien sind in diesem Jahr 5 Wochen und 6 Tage lang und die Herbstferien 2 Wochen und 3 Tage. Wie viele Wochen und Tage sind das insgesamt?

5.

Olaf fährt in den Ferien für eine Woche und 3 Tage zu seinen Großeltern. Danach geht er 2 Wochen und 4 Tage mit seinen Freunden zelten und anschließend besucht er noch 5 Tage seine Tante. Wie viele Tage dauert der Urlaub?

6.

Herr Biel hat im Jahr 6 Wochen Urlaub. 2 Wochen und 3 Tage macht er Winterurlaub und 1 Woche und 6 Tage fährt er zum Baden. Wie viel Urlaub bleibt noch übrig?

7.

Für Ausbesserungsarbeiten an einer Autobahn steht einer Baufirma ein Zeitraum von 6 Wochen und 3 Tagen zur Verfügung. Der Bauleiter plant so: 1 Woche 6 Tage Abtrag des alten Fahrbelags, 2 Wochen 3 Tage Ausbesserungsarbeiten und 1 Woche 1 Tag Asphaltierungsarbeiten. Welche Zeitspanne bleibt für die Markierungsarbeiten der Fahrbahn übrig?

8.

Osterferien gibt es in diesem Jahr vom 12. März bis 29. März. Wie viele Tage sind das?

Beispiel: 29 – 12 = 17; 17 + 1 = 18 (weil der erste Tag schon mitgezählt wird!)
Vom 12. März bis 29. März sind es also 18 Tage.

Wie viele Tage sind es hier jeweils?

a) 5. Mai bis 27. Mai ______

b) 15. Januar bis 31. Januar ______

c) 6. Juli bis 16. Juli ______

d) 23. Okt. bis 30. Oktober ______

e) 4. Februar bis 28. Februar ______

f) 1. Mai bis 15. Mai ______

9.

Wie viele Tage sind es vom 17. Mai bis 8. Juni?
Um dies ausrechnen zu können, muss man wissen, ob der Mai 30 oder 31 Tage hat. Man könnte das im Kalender nachsehen. Besser ist es aber, diese Gedächtnisregel anzuwenden:

Handknöchelregel

Ballt man die Hand zur Faust, so kennzeichnet ein Handknöchel immer einen Monat mit 31 Tagen.

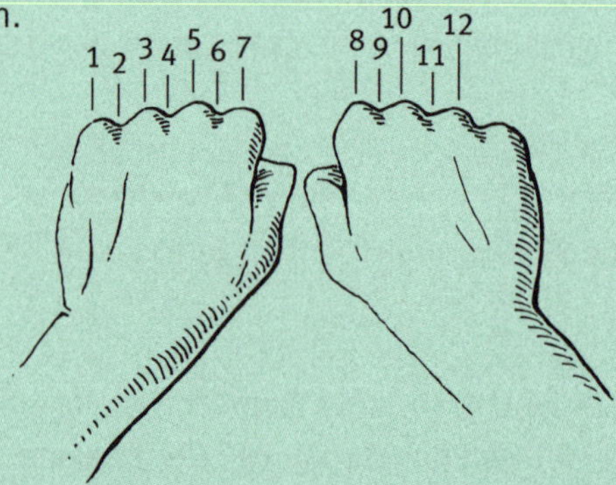

a) Übertrage die Tabelle in dein Heft und fülle sie aus:

1. Monat	2. Monat	3. Monat	4. Monat	...
Januar	Februar	März		
31 d	28 oder 29 d	31 d		

Wie viele Tage sind es also vom 17. Mai bis 8. Juni?

Beispiel: Der Mai hat 31 Tage.
31 – 17 = 14; 14 + 1 = 15, da der erste Tag mitgezählt wird.
Es sind also 15 Tage im Mai.
Hinzu kommen die 8 Tage vom Juni.
Insgesamt: 15 d + 8 d = 23 d

b) Berechne ebenso:

12. Januar bis 4. Februar _____ 28. März bis 19. April _____

23. Mai bis 6. Juni _____ 20. Juli bis 28. August _____

19. September bis 23. Oktober _____ 19. November bis 1. Dezember _____

10.

Frau Köhler macht vom 27. Mai bis 18. Juni eine Kur.

a) Wie viele Tage dauert die Kur?

b) Die Kur wird um 5 Tage verlängert. Wann kommt Frau Köhler zurück?

11.

Familie Zabel plant einen dreiwöchigen Urlaub. Es stehen zwei Termine für den Urlaubsbeginn zur Auswahl: 18. Juni oder 25. Juli. An welchem Tag ist dann jeweils der Urlaub zu Ende?

Zeit und Geschwindigkeit

Ein Auto, das in einer Stunde 100 km weit fährt, hat eine Durchschnittsgeschwindigkeit von 100 **km/h**. Man liest: 100 **Kilometer pro Stunde**.

Die **Durchschnittsgeschwindigkeit km/h** gibt an, wie viel km in einer Stunde zurückgelegt werden.

1.
Mit einem Sportwagen fährt man die 450 km lange Strecke von München nach Wien in 3 Stunden. Wie groß ist die durchschnittliche Geschwindigkeit?

Beispiel: 450 km : 3 h = 150 km/h

Berechne auch hier die Geschwindigkeiten:

a) in 5 h 180 km
b) in 2 h 150 km
c) in 4 h 60 km
d) in 6 h 720 km

2.
a) Martin will mit dem Fahrrad die 5 km zu seinem Freund in einer Viertelstunde zurücklegen. Welche Durchschnittsgeschwindigkeit muss er dann fahren?

Tipp Du musst die Strecke ausrechnen, die in 1 h zurückgelegt wird.

b) Uwe schaffte 11 km in $\frac{1}{2}$ h. Wie groß war seine Geschwindigkeit?

c) Ein Motorrad brauchte für 28 km $\frac{1}{4}$ h, ein Auto für 55 km $\frac{1}{2}$ h. Welches Fahrzeug hatte die größere Geschwindigkeit?

3.

Beispiel: Frau Wippermann hat mit ihrem Auto 20 km in 10 min zurückgelegt. Wie groß war ihre Geschwindigkeit?

in 10 min → 20 km
in 1 min → 20 km : 10 = 2 km
in 60 min = 1 h → 2 km · 60 = 120 km

Also ist 120 km/h die Geschwindigkeit.

Berechne in gleicher Weise die Geschwindigkeiten:

a) 60 km in 20 min
b) 10 km in 5 min
c) 120 km in 40 min
d) 200 km in 50 min

4.

Jan radelt mit einer Geschwindigkeit von 16 km/h. Welche Strecke fährt er?

16 km/h bedeutet, in 1 h werden 16 km gefahren. **Merke**

a) in 2 h
b) in 5 h
c) in $\frac{1}{2}$ h
d) in $\frac{1}{4}$ h
e) in $1\frac{1}{2}$ h
f) in $2\frac{1}{4}$ h

5.

Beispiel: Ein Auto fährt 120 km/h. In welcher Zeit schafft es 600 km?

Für 120 km benötigt es 1 h,
für 600 km benötigt es 600 : 120 = 5, also 5 h.

Berechne auch hier die Zeiten:

a) 330 km weit mit 110 km/h
b) 150 km weit mit 50 km/h
c) 320 km weit mit 80 km/h
d) 900 km weit mit 150 km/h

6.

Hennings Großeltern wohnen 160 km entfernt.

a) Wie lange ist er mit dem Rad unterwegs, wenn er durchschnittlich 20 km/h schafft?

b) Mit dem Auto braucht man 2 h. Mit welcher Durchschnittsgeschwindigkeit fährt es?

5 Textaufgaben mit Flächen- und Rauminhaltsberechnungen

Flächeneinheiten

Diese Flächeneinheiten sollte man kennen:

$1\ km^2 = 100$ Hektar (ha)

$1\ ha = 100$ Ar (a)

$1\ a = 100\ m^2$

$1\ m^2 = 100\ dm^2$

$1\ dm^2 = 100\ cm^2$

$1\ cm^2 = 100\ mm^2$

$$1\ mm^2 \xrightarrow{\cdot 100} 1\ cm^2 \xrightarrow{\cdot 100} 1\ dm^2 \xrightarrow{\cdot 100} 1\ m^2 \xrightarrow{\cdot 100} 1\ a \xrightarrow{\cdot 100} 1\ ha \xrightarrow{\cdot 100} 1\ km^2$$

Die jeweiligen Umrechnungen zwischen den einzelnen Flächeneinheiten lassen sich leicht ableiten:

Beispiel

Wie viel m^2 sind 1 ha?
1 ha ist ein 100 m langes und 100 m breites Quadrat, also
$1\ ha = 100\ m^2 \cdot 100 = 10\,000\ m^2$

Wie viel m^2 sind 1 a?
1 a ist ein 10 m langes und 10 m breites Quadrat, also
$1\ a = 10\ m^2 \cdot 10 = 100\ m^2$

Wie viel dm^2 sind 1 m^2?
1 m^2 ist ein 10 dm langes und 10 dm breites Quadrat, also
$1\ m^2 = 10\ dm^2 \cdot 10 = 100\ dm^2$

1.

Rechne diese Flächeneinheiten ebenso um:

a) $1\ m^2$ = ______ cm^2

$1\ m^2$ = ______ dm^2

$1\ m^2$ = ______ mm^2

b) 1 a = ______ m^2

1 a = ______ dm^2

1 a = ______ cm^2

c) $1\ km^2$ = ______ m^2

1 ha = ______ m^2

1 a = ______ m^2

2.

Wandle um:

a) $4\ m^2 = 40\,000\ cm^2$

$17\ m^2$ = ______

$120\ m^2$ = ______

b) 7 a = ______ m^2

9 a = ______

15 a = ______

c) 3 ha = ______ m^2

8 ha = ______

20 ha = ______

d) $800\ dm^2 = 8\ m^2$

$1200\ dm^2$ = ______

$500\ dm^2$ = ______

e) $600\ mm^2$ = ______ cm^2

$800\ mm^2$ = ______

$1500\ mm^2$ = ______

f) 900 a = ______ ha

8 000 a = ______

25 000 a = ______

3.

Hier soll in die nächstgrößere Einheit umgewandelt werden:

a) $3420\ dm^2 = 34\ m^2\ 20\ dm^2$

$560\ mm^2$ = ______

$1505\ m^2$ = ______

b) 370 ha = ______

$1508\ dm^2$ = ______

$460\ cm^2$ = ______

c) $3725\ mm^2$ = ________ d) 352 a = ________

$475\ cm^2$ = ________ 7301 ha = ________

$710\ m^2$ = ________ 1243 a = ________

4.

Gemischte Flächenmaße schreibt man auch mit Komma:

Beispiel: $17\ m^2\ 50\ dm^2 = 17{,}50\ m^2$ 8 ha 5 a = 8,05 ha

a) $72\ km^2\ 25$ ha = ________ km b) $9\ a\ 30\ m^2$ = ________

$8\ m^2\ 17\ dm^2$ = ________ 17 ha 5 a = ________

$1\ dm^2\ 75\ cm^2$ = ________ $22\ m^2\ 15\ dm^2$ = ________

$34\ cm^2\ 12\ mm^2$ = ________ $6\ dm^2\ 1\ cm^2$ = ________

5.

Schreibe ohne Komma:

a) $12{,}15\ m^2 = 12\ m^2\ 15\ dm^2$ b) $93{,}37\ dm^2$ = ________

$9{,}08\ dm^2$ = ________ $5{,}03\ m^2$ = ________

$35{,}30\ cm^2$ = ________ $19{,}21\ cm^2$ = ________

4,25 a = ________ $7{,}31\ km^2$ = ________

6.

Diese Größen sollst du jeweils in die kleinste vorkommende Flächeneinheit umwandeln. Rechne dann die Aufgaben schriftlich:

a) $512\ cm^2 + 17\ dm^2\ 52\ cm^2 + 3\ dm^2$ b) $8\ m^2 + 3\ m^2\ 25\ dm^2$

c) $17\ m^2 + 3\ m^2\ 25\ dm^2 + 625\ dm^2$ d) $71\ m^2 - 4325\ dm^2$

e) 8 ha 27 a + 19 ha + 430 a f) $8415\ m^2 - 19\ a\ 27\ m^2$

Flächenberechnungen

Beispiel

Ein rechteckiges Grundstück ist 70 m lang und 30 m breit. Wie groß ist seine Fläche? Wie lang muss der Zaun sein, der diese Fläche begrenzt?

In dieser Aufgabe müssen also **Flächeninhalt A** und **Umfang U** eines Rechtecks berechnet werden.

$A = a \cdot b$

$A = 70\ m^2 \cdot 30$

$A = 2100\ m^2$

$A = 70\ m \cdot 30\ m$

$U = 2 \cdot a + 2 \cdot b$

$U = 2 \cdot 70\ m + 2 \cdot 30\ m$

$U = 200\ m$

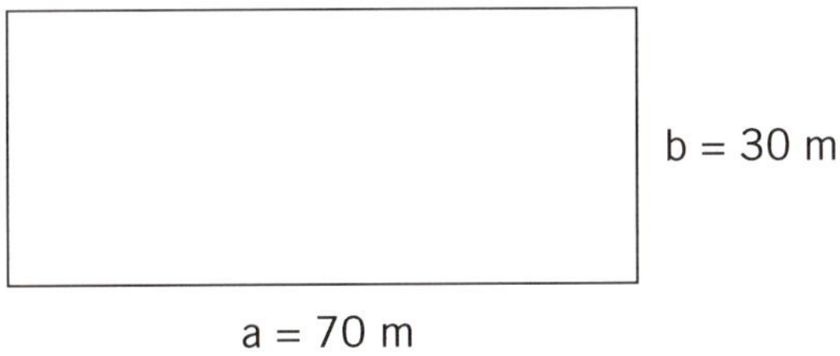

1.
Bestimme von diesen Rechtecken jeweils A und U:

a) a = 12 m; b = 5 m

b) a = 45 cm; b = 7 cm

c) a = 0,5 m; b = 3,5 m

Ein Rechteck mit vier gleich langen Seiten heißt Quadrat.

2.
Wie lauten die Formeln zur Berechnung von A und U eines Quadrates?

3.
Ermittle von diesen Rechtecken und Quadraten jeweils A und U:

a) a = 12 cm b) a = 2,5 cm; b = 3,5 cm

c) a = 3,8 m d) a = 25 cm; b = 7,2 cm

Beispiel Ein 1500 m^2 großes rechteckiges Grundstück ist 50 m lang. Wie breit ist es? Rechne so:

$A = a \cdot b$
$A = 1500\ m^2;\quad a = 50\ m;\quad$ gesucht ist b.
$A = 1500\ m^2 = 50\ m \cdot b \rightarrow b = 1500\ m^2 : 50\ m = 30\ m$

Überprüfe deine Rechnung, indem du $a \cdot b = A$ rechnest.
Erhältst du 1500 m^2? $\rightarrow 50\ m \cdot 30\ m = 1500\ m^2$

4.

a) Berechne in gleicher Weise von diesen Rechtecken die jeweils fehlende Seite:
   1) $A = 2700\ m^2$; $a = 90$ m 2) $A = 460\ m^2$; $a = 20$ m
   3) $A = 2940\ m^2$; $b = 70$ m 4) $A = 960\ m^2$; $b = 40$ m

b) Wie groß ist der jeweilige Umfang dieser Rechtecke?

5.

a) Olafs Großeltern besitzen einen Kleingarten. Er ist 1240 m^2 groß. Die eine Seite ist 40 m lang. Wie lang muss dann die andere Seite sein?

b) Der Garten erhält einen neuen Zaun. Wie lang wird er, wenn die Gartenpforte mitgerechnet wird?

Beispiel Um ein rechteckiges Grundstück ist eine 480 m lange Hecke gepflanzt. Das Grundstück ist 190 m lang. Wie breit ist es? Lege eine Zeichnung an.

$U = 480$ m; $a = 190$ m; gesucht ist b,
im Umfang sind aber $2 \cdot a$ und $2 \cdot b$ enthalten: $U = 2 \cdot a + 2 \cdot b$

$480\ m = 2 \cdot 190\ m + 2 \cdot b$
$2 \cdot b = 480\ m - 380\ m = 100\ m$
$b = 100\ m : 2 = 50\ m$

Kontrolliere in deiner Rechnung, ob $2 \cdot a + 2 \cdot b = 480$ m ergibt.
$2 \cdot 190\ m + 2 \cdot 50\ m = 480\ m$

6.

a) Wie lang ist die jeweils fehlende Seite dieser Rechtecke?
   1) $U = 240$ m; $a = 50$ m 2) $U = 200$; $a = 70$ m
   3) $U = 360$ m; $b = 150$ m 4) $U = 1280$ m; $b = 400$ m

b) Berechne auch die Flächeninhalte dieser Rechtecke.

7.

a) Julia und Henning haben ein 160 m langes Seil. Sie wollen daraus ein Rechteck spannen, dessen eine Seite 30 m lang sein soll. Wie lang wird dann die zweite Seite sein? Fertige dazu eine Skizze an.

b) Berechne den Flächeninhalt des aufgespannten Rechtecks.

c) Julia nimmt jetzt als Länge des Rechteckes 25 m. Wie lang wird nun die andere andere Seite?

d) Ermittle auch vom zweiten Rechteck die Flächengröße.

e) Ergänze diese Tabelle und berechne die fehlenden Größen:

U	160 m	160 m	160 m	160 m
a	30 m	25 m	20 m	40 m
b				
A				

f) Zu welchen Seitenlängen gehört der größte Flächeninhalt? Wie heißt diese Sonderform eines Rechtecks?

8.

Berechne die fehlenden Größen:

a	35 m	30 m		20 cm	
b	21 m		50 dm		40 cm
A		420 m^2	4000 dm^2		
U				70 cm	150 cm

Tipp Bei manchen Aufgaben muss man die Größenangaben durch Umwandeln vereinheitlichen!

9.

a) Der Rahmen eines rechteckigen Bildes ist 2,80 m lang. Das Bild ist 80 cm breit. Wie lang ist es?

b) Eine rechteckige Glasscheibe ist 8400 cm^2 groß. Die Länge einer Seite beträgt 1,20 m. Wie lang ist die andere?

Raumeinheiten

$1\ m^3 = 1000\ dm^3$

$1\ dm^3 = 1000\ cm^3$

$1\ cm^3 = 1000\ mm^3$

$1\ mm^3 \xrightarrow{\cdot 1000} 1\ cm^3 \xrightarrow{\cdot 1000} 1\ dm^3 \xrightarrow{\cdot 1000} 1\ m^3$

Für Flüssigkeiten benutzt man als Raummaß meist **Liter** (l) bzw. **Milliliter** (ml).

$1\ l = 1\ dm^3$ $1\ ml = 1\ cm^3$ $1\ l = 1000\ ml$

Die Umrechnungen zwischen den einzelnen Raumeinheiten kann man sich leicht überlegen:

Beispiel

Wie viel dm^3 sind $1\ m^3$?

$1\ m^3$ ist ein Würfel, der 10 dm lang, 10 dm breit, 10 dm hoch ist, also
$1\ m^3 = 10\ dm^3 \cdot 10 \cdot 10 = 1000\ dm^3$

1.

Rechne diese Raumeinheiten um:

a)	b)	c)
$1\ dm^3$ = _______ cm^3	$1\ dm^3$ = _______ l	$1\ cm^3$ = _______ ml
$1\ cm^3$ = _______ mm^3	$1\ m^3$ = _______ l	$1\ dm^3$ = _______ ml
$1\ m^3$ = _______ dm^3	1 l = _______ ml	1 ml = _______ cm^3

2.

Wandle um:

a)	b)	c)
$7\ m^3 = 7000\ dm^3$	$4\ m^3$ = _______ l	$45\ dm^3$ = _______ cm^3
$12\ m^3$ = _______ dm^3	$15\ m^3$ = _______ l	$7\ dm^3$ = _______ l
$30\ m^3$ = _______ dm^3	$40\ m^3$ = _______ l	$150\ dm^3$ = _______ cm^3

d) 6 000 cm^3 = _____ dm^3 e) 14 000 mm^3 = _____ cm^3 f) 8 l = _______ ml

19 000 cm^3 = _____ dm^3 3 000 mm^3 = _____ cm^3 12 l = _______ ml

8 000 cm^3 = _____ l 20 000 mm^3 = _____ cm^3 3 l = _______ dm^3

3.

Hier soll jeweils in die nächstgrößere Einheit umgewandelt werden:

a) 3 120 dm^3 = 3 m^3 120 dm^3 b) 3 725 ml = ______________

19 200 cm^3 = ______________ 4 500 dm^3 = ______________

8 070 cm^3 = ______________ 1 750 cm^3 = ______________

5 175 mm^3 = ______________ 18 005 ml = ______________

4.

Gemischte Raummaße schreibt man meist mit Komma:

Beispiel: *6 m^3 150 dm^3 = 6,150 m^3* *7 l 20 ml = 7,020 l*

a) 8 m^3 155 dm^3 = ______________ b) 10 m^3 375 dm^3 = ______________

16 dm^3 50 cm^3 = ______________ 4 dm^3 5 cm^3 = ______________

7 cm^3 430 mm^3 = ______________ 14 l 30 ml = ______________

3 l 12 ml = ______________ 6 cm^3 145 mm^3 = ______________

5.

Schreibe ohne Komma:

a) 4,145 m^3 = 4 m^3 145 dm^3 b) 8,210 dm^3 = ______________

0,145 m^3 = ______________ 0,700 dm^3 = ______________

12,050 m^3 = ______________ 35,005 cm^3 = ______________

8,725 l = ______________ 0,750 ml = ______________

6.

Verwandle zunächst in die kleinste vorkommende Raumeinheit und rechne:

a) 8 m^3 150 dm^3 + 6750 dm^3 + 19 m^3 b) 7 m^3 145 dm^3 – 3125 dm^3

c) 12 dm^3 300 cm^3 + 8155 cm^3 + 3 dm^3 d) 6 l 350 ml – 2568 ml

Berechnen von Rauminhalten und Oberflächen

Beispiel Ein quaderförmiger Behälter ist 6 m lang, 3 m breit und 2 m hoch. Wie groß ist sein Rauminhalt (Volumen)? Der Behälter soll angestrichen werden. Wie groß ist seine Oberfläche? Berechne V und O!

$V = a \cdot b \cdot c$

$V = 6\ m^3 \cdot 3 \cdot 2$ oder

$V = 6\ m \cdot 3\ m \cdot 2\ m$

$V = 36\ m^3$

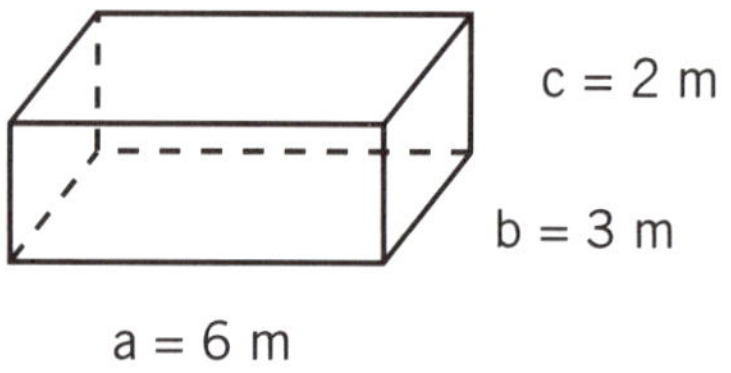

$O = 2 \cdot a \cdot b + 2 \cdot a \cdot c + 2 \cdot b \cdot c$

$O = 2 \cdot 6\ m \cdot 3\ m + 2 \cdot 6\ m \cdot 2\ m + 2 \cdot 3\ m \cdot 2\ m$

$O = 72\ m^2$

1.

Ermittle von diesen Quadern V und O.

a) a = 8 dm; b = 3 dm; c = 5 dm
b) a = 12 cm; b = 6 cm; c = 3 cm

2.

Berechne V und O. Achte darauf, dass die Längen der Quaderkanten die gleichen Einheiten aufweisen. Rechne gegebenenfalls die Einheiten um.

a) a = 3 m; b = 12 dm; c = 5 dm
b) a = 12 dm; b = 25 cm; c = 8 cm

Ein Quader, bei dem alle begrenzenden Flächen gleich groß sind, heißt **Würfel**.

3.

Bezeichne die Kantenlänge eines Würfels mit a. Wie lauten die Formeln zur Berechnung von V und O?

4.

Bestimme von diesen Quadern und Würfeln jeweils V und O.

a) a =12 m
b) a = 3,5 m; b = 12 dm; c = 5 dm
c) a = 4 cm; b = 12 cm; c = 0,9 dm
d) a = 3,5 dm

Beispiel

Das Volumen eines quaderförmigen Gefäßes beträgt $60\ dm^3$. Es ist 5 dm lang und 3 dm breit. Wie hoch ist es?

$V = 60\ dm^3$; $a = 5$ dm und $b = 3$ dm; gesucht ist c! In eine Grundschicht passen $5\ dm \cdot 3\ dm = 15\ dm^2$. Wie viele Grundschichten müssen übereinander liegen?

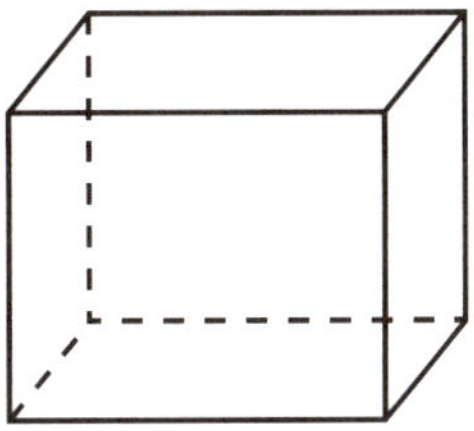

$60\ dm^3 : 15\ dm^2 = 4\ dm$
also ist $c = 4\ dm$

Überprüfe deine Rechnung, indem du $V = a \cdot b \cdot c$ rechnest. Erhältst du $60\ dm^3$?
$\rightarrow 5\ dm \cdot 3\ dm \cdot 4\ dm = 60\ dm^3$

5.

a) Timos Aquarium ist 12 dm lang und 6 dm breit. Er füllt es mit 360 l Wasser. Wie hoch steht es dann im Aquarium? Bedenke: $1\ l = 1\ dm^3$

b) Julia hat ein kleineres Aquarium. Es ist nur 9 dm lang, 5 dm breit und 6 dm hoch. Sie überlegt: Würden in mein Aquarium auch 360 l Wasser hineingehen? Kannst du ihr helfen? Überprüfe es.

6.

a) Henning will an seinem Aquarium eine Skala anbringen, an der er ablesen kann, wie hoch jeweils das Wasser steht, wenn er 200 l, 300 l oder 400 l einfüllt. Sein Aquarium ist 12,5 dm lang, 8 dm breit und 6 dm hoch.

b) Wie viel l Wasser gehen in sein Aquarium hinein, wenn es randvoll gefüllt werden soll?

7.

Bestimme die fehlenden Größen dieser Quader:

a	8 m	6 m	12 cm	25 cm	
b	4 m	4 m	2,5 dm	8 cm	12 cm
c	5 dm		4 cm		5 cm
V		$72\ m^3$		$400\ cm^3$	$1200\ cm^3$
O					

Vermischte Aufgaben mit Lösungsplan 3

Zum Lösen von Aufgaben mit Flächeninhalts- und Rauminhaltsberechnungen muss der allgemeine Lösungsplan ergänzt werden. Er sieht jetzt so aus:

Lösungsplan 3

1. **Lies** die ganze Aufgabe gründlich durch.
2. Welcher **Sachverhalt** wird in der Aufgabe dargestellt? **Wovon** handelt also die Aufgabe?
3. Was ist **gesucht**?
4. Was ist **gegeben**? Fertige eine **Zeichnung** an und trage die gegebenen Größen ein. Wandle die gegebenen Größen in die gleichen Einheiten um, also alle Längen entweder in m oder dm oder cm.
5. Überlege dir den **Lösungsweg**:
   a) Du musst herausfinden, ob du mit dem **Umfang einer Fläche**, mit dem **Flächeninhalt** oder mit dem **Rauminhalt** arbeiten musst.
   b) Notiere dir die jeweils notwendigen Formeln.
6. Führe die **Rechnung** aus.
7. **Kontrolliere** das Ergebnis.
8. Schreibe einen **Antwortsatz**.

Beispiel

1. **Aufgabe:**
Ein quaderförmiges Schwimmbecken soll einen neuen Anstrich erhalten. Es ist 12,5 m lang, 8 m breit und 3 m tief. Wie teuer wird der Anstrich, wenn 1 m^2 8 € kostet?

2. **Sachverhalt:**
Die Flächen eines Quaders sollen gestrichen werden.

3. **Gesucht:**
Größe der Fläche und Preis des Anstrichs.

4. **Gegeben:**

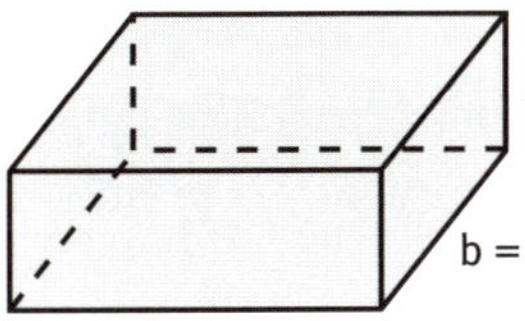

1 m^2 kostet 8 €.

5. **Lösungsweg:**
Von der Oberfläche des Quaders $O = 2 \cdot a \cdot b + 2 \cdot a \cdot c + 2 \cdot b \cdot c$ muss die Deckfläche $a \cdot b$ abgezogen werden.

   a) Zu streichende Fläche A:
   $A = a \cdot b + 2 \cdot a \cdot c + 2 \cdot b \cdot c$

   b) Preis: Anzahl der m^2 mal 8 €

6. **Rechnung:**
Führe die Rechnung selbst aus!

___

7. **Kontrolle:**
Rechne zur Kontrolle O aus und ziehe von ihr die Größe der Deckfläche ab. Erhältst du A? Teile dann den Gesamtpreis durch A. Ergibt sich 8 €?

___

8. **Antwortsatz:**
Formuliere einen Antwortsatz.

___

Bearbeite diese Aufgaben wie im Beispiel.

1.
Die Fliesen in einem Schwimmbecken sollen erneuert werden. Das Becken ist 25 m lang, 10 m breit und 2,50 m tief. 1 m^2 Fliesen kostet 30 €. Welche Gesamtkosten entstehen?

2.
Wie viel m^2 Blech benötigt man zur Herstellung eines quaderförmigen Containers, der 2 m lang, 1,50 m breit und 2,50 m hoch ist?

3.
Für ein Haus wird eine quaderförmige Baugrube ausgehoben, die 15 m lang, 8 m breit und 2 m tief ist. Ein Lastwagen kann 6 m^3 Erde transportieren. Wie viele Lastwagenladungen ergeben sich?

4.
Ein Schreiner fertigt aus Brettern eine quaderförmige Kiste. 1 m^2 Holz kostet 8 €. Wie teuer wird die Herstellung der Kiste, wenn sie 1,50 m lang, 8 dm breit und 5 dm hoch ist?

5.
Herr Ziegler hat ein 1000 m^2 großes Grundstück gekauft. Er misst nach, ob die angegebene Größe stimmt. Das Grundstück ist 40 m breit. Wie lang muss es sein?

6.
Eine rechteckige Weide ist von einem 300 m langen Zaun umgeben. Eine Seite des Zaunes ist 50 m lang. Berechne die Größe der Weide.

7.
Ein quaderförmiges Schwimmbecken ist 25 m lang, 10 m breit und 3 m tief. In ihm steht das Wasser 2,50 m hoch. Wie teuer ist eine Füllung, wenn 1 m^3 Wasser 3,50 € kostet?

8.
Ein würfelförmiger Tank wird mit Heizöl gefüllt. Der Tank ist 15 dm lang. 1 dm^3 Heizöl kostet 0,37 €. Wie teuer wird die Füllung, wenn man den Tank vollständig füllt?

9.
Für ein Denkmal wird ein quaderförmiger Sockel aus Marmor hergestellt. Der Sockel ist 4 m lang, 4 m breit und 5 m hoch. Wie schwer ist der Sockel, wenn 1 m^3 Marmor 2,8 t wiegt?

10.
In einem würfelförmigen Behälter steht das Wasser 2,50 m hoch. Der Behälter ist 3 m lang. Wie schwer ist eine Wasserfüllung, wenn 1 l Wasser 1 kg wiegt (1 l = 1 dm^3)?

11.
Ein quaderförmiges Becken soll so gebaut werden, dass es 1000 l Wasser fasst. Es ist 2,50 m lang und 8 dm breit. Wie hoch muss es sein?

12.
Ein Blumenkasten ist 10 dm lang, 5 dm breit und 4 dm hoch. Es werden 80 l Erde hineingeschüttet. Wie hoch steht die Erde im Gefäß?

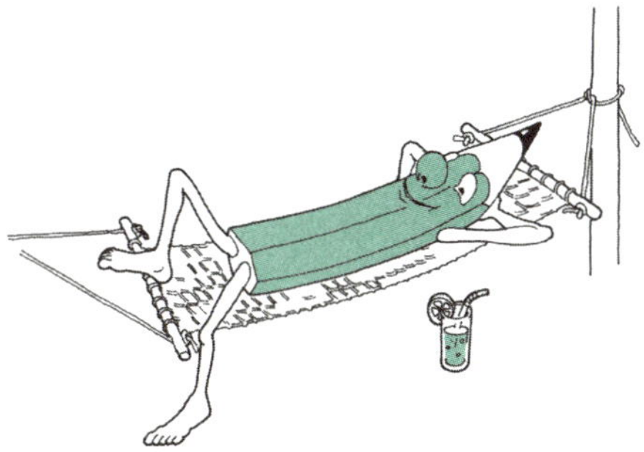

1 Rechnen mit Größen

Geldwerte

1.

a)	b)	c)
6,13 €	0,39 €	4,04 €
0,84 €	8,05 €	8,00 €
18,60 €	0,06 €	3,17 €

2.

a)	b)	c)
8 € 95 ct	20 ct	5 ct
6 € 2 ct	3 € 3 ct	7 € 40 ct
	5 € 14 ct	90 ct

3.

a)	b)	c)
140 ct	7 ct	998 ct
28 ct	860 ct	20 ct
	374 ct	7 ct

4.

a)
8 € 20 ct = 8,20 €
0 € 40 ct = 0,40 €
10 € 8 ct = 10,08 €

b)
0,81 €
4 € 2 ct = 4,02 €
0 € 3 ct = 0,03 €
7 € 0 ct = 7,00 €

5.

a) 68,84 €	b) 10,68 €	c) 90,49 €
d) 42,92 €	e) 751,57 €	f) 6,82 €

6.

a) 390,45 €	b) 11 760,60 €	c) 4272,96 €
d) 17,48 €	e) 127,76 €	f) 1309,14 €
g) 47,76 €	h) 2883,00 €	i) 72,45 €

7.

a) 72,36 €
1,45 €
0,18 €

b) 1,84 €
0,08 €
4,10 €

c) 10,28 €
18,64 €
0,82 €

8.

a) 3
6
64

b) 14
50
20

c) 6
210
9

Längen

1.

a) 80 000 m
205 000 m
66 000 m

b) 60 cm
400 cm
1800 cm
500 cm

c) 50 mm
800 mm
20 mm
840 mm

2.

a) 43 km
6 km

b) 20 m
8 m
62 m

c) 38 cm
7 cm

3.

a) 18,021 km
7,16 m
28,4 dm

b) 25,38 m
7,06 m
8,015 km
60,5 cm

4.

a) 0,470 km
2 km
0,070 km

b) 6,20 m
0,80 m
74,13 m
0,04 m

c) 8 cm
0,7 cm
34,2 cm
2,8 cm

5.

a) 347 cm
50 cm
1823 cm

b) 8971 m
23 m
13 450 m

c) 139 mm
70 mm
4 mm
502 mm

6.

a) 4198 m = 4,198 km

b) 3745 cm = 37,45 m

c) 3945 cm = 39,45 m

d) 99 750 m = 99,750 km

e) 315 cm : 35 cm = 9 oder 3,15 m : 0,35 m = 9

f) 30

Gewichte

1.

a)
4 kg 75 g = 4,075 kg
8 kg 4 g = 8,004 kg
72 kg 300 g = 72,300 kg

b) 4,903 t
9 t 700 kg = 9,700 t
0 t 650 kg = 0,650 t
1 t 240 kg = 1,240 t

2.

a)
0 kg 500 g = 500 g
2 kg 70 g = 2070 g
0 kg 9 g = 9 g

b)
13 t 420 kg = 13 420 kg
4 t 200 kg = 4200 kg
0 t 70 kg = 70 kg
1 t 8 kg = 1008 kg

3.

a)	b)	c)
0,75 kg	26 kg	4,8 t
0,08 kg	0,9 kg	0,017 t
1,5 kg	0,006 kg	23,4 t
3 kg	0,15 kg	0,206 t

d)	e)	f)
6 t	420 g	31 980 kg
0,055 t	9700 g	12 400 kg
0,2 t	80 g	500 kg
0,004 t	3004 g	3048 kg

4.

a)	13 214 kg	oder	13,214 t	b) 42 374 g = 42,374 kg
	+ 847 kg		+ 0,847 t	c) 6432 g = 6,432 kg
	+ 500 kg		+ 0,500 t	d) 6987 g = 6,987 kg
	14 561 kg		14,561 t	e) 77 248 kg = 77,248 t
	= 14,561 t			f) 27 607 kg = 27,607 t

5.

a) 121 600 kg = 121,6 t
b) 38 920 g = 38,920 kg
c) 15 625 kg = 15,625 t
d) 2026 g = 2,026 kg
e) 6140 kg = 6,14 t
f) 1282 g = 1,282 kg
g) 6
h) 2351
i) 5
j) 69
k) 32
l) 140

2 Einfache Textaufgaben

Lösungsplan 1

Beispiel 1:

5. 450 € – 60 € = 390 €
6. 390 € + 60 € = 450 €
7. Das Rennrad kostet 390 €.

Beispiel 2:

3. Gesamtstrecke: 420 km
   Anzahl der Tage: 7
5. 420 km : 7 = 60 km
6. 60 km · 7 = 420 km
7. Sie legen jeden Tag durchschnittlich 60 km zurück.

Gesucht – Gegeben

1.

120 €;   35 €

Im Folgenden brauchen deine Antworten nicht genau so formuliert zu sein wie hier. Wichtig ist, dass du den Sachverhalt richtig erkannt hast.

2.

2. Gesucht: zurückerhaltenes Geld
3. Gegeben: Für 8,50 € eingekauft;   10 € bezahlt

3.

2. Briefmarken insgesamt
3. 135 französische Briefmarken;   318 deutsche Briefmarken

4.

2. Gesamtzahl der Wohnungen
3. 6 Fenster in jeder Wohnung; 126 Fenster im Ganzen

5.

2. gespartes Taschengeld
3. 4 Wochen gespart; 6 € Taschengeld pro Woche

6.

2. Anzahl der noch auszutragenden Briefe
3. 598 Postsendungen insgesamt; 345 Postsendungen schon ausgetragen

Signalwörter

1.
mehr ⊕; dazu ⊕; übrig bleiben ⊖; aufteilen (:); die Hälfte (:);
weniger ⊖; weg ⊖; insgesamt ⊕;
vervielfachen ⊙; das Dreifache ⊙

2.
1 Tag / 1 Woche → ⊙

3.
⊙

4.
1 Seite / 8 Seiten → ⊙

5.
1 Kiste / 3 Kisten → ⊙

6.
(:)

7.
60 Briefmarken / 10 Briefmarken → (:)

8.
1 Tag / 4 Tage → ⊙

9.
150 Bälle / 6 Bälle → (:)

10.
420 Schüler / 30 Schüler → (:)

11.
die Hälfte → (:)

12.

neunmal → (·)

13.

verteilt → (:)

14.

14.2
2. Preis der Fahrt
3. 35 € am Tag
   1 Woche = 7 Tage

14.3
2. Gesamtzahl der Bilder
3. 6 Bilder auf jeder Seite
   12 Seiten

14.4
2. Gesamtzahl der Bilder
3. 5 Bilder pro Seite
   8 Seiten

14.5
2. Gesamtzahl der Flaschen
3. 20 Flaschen in 1 Kasten
   3 Kästen

14.6
2. Anzahl der Stapel
3. Gesamtanzahl
   der Bilder: 90
   Bilder pro Stapel: 5

14.7
2. Anzahl der Seiten
3. Gesamtanzahl der Briefmarken: 60
   Briefmarken pro Seite: 10

14.8
2. insgesamt gefahrene km
3. 250 km am Tag
   4 Tage

14.9
2. Anzahl der Kisten
3. 150 Bälle insgesamt
   6 Bälle pro Kiste

14.10
2. Anzahl der Busse
3. 420 Schüler insgesamt
   30 Schüler pro Bus

14.11
2. Anzahl der „Fußgänger“
3. 500 Schüler insgesamt
   die Hälfte kommt zu Fuß

14.12
2. Alter der Großmutter
3. Maria ist 9 Jahre
   Großmutter neunmal so alt

14.13
2. Anzahl der Schokoküsse pro Kind
3. 28 Schokoküsse insgesamt
   7 Kinder

15.

⊖

16.

bleiben übrig → ⊖

17.

zusammen → ⊕

18.

fehlen noch → ⊖

19.

verkauft → ⊖ (noch zu haben)

20.

bleiben übrig → ⊖ (herausnehmen)

21.

weitere → ⊕

22.

22.15 2. neuer Preis
3. alter Preis: 149 €
Nachlass: 15 €

22.16 2. übrig bleibende Brötchen
3. 50 Brötchen insgesamt
12 Brötchen verkauft

22.17 2. Pflanzen insgesamt
3. 12 Geranien
3 Margeriten
9 Pantoffelblumen

22.18 2. fehlender Geldbetrag
3. Fahrradpreis: 480 €
Sparbuch: 350 €

22.19 2. noch vorhandene Karten
3. 850 Karten insgesamt
500 Karten verkauft

22.20 2. Bonbons für Ina
3. 82 Bonbons insgesamt
48 Bonbons für Axel

22.21 2. Gesamtzahl der Bücher
3. vorhandene Bücher: 35
geschenkte Bücher: 6

23.
insgesamt → ⊕

24.
1 Netz / 2 Netze → ⊙

25.
verteilt → (:)

26.
12 000 € / 15 € → (:)

27.
insgesamt → ⊕

28.
dreimal → ⊙

29.
ausgeliehen → ⊖ (stehen noch)

30.
mehr → ⊕ (insgesamt)

31.
1 Monat / 6 Monate → ⊙

32.
erhält zurück → ⊖

33.
9 Rosen / 1 Rose → (:)

34.
übrig → ⊖

Das Lösen von Aufgaben

1.

2. Gesucht: km insgesamt
3. Gegeben: km am Samstag: 240 km
   km am Sonntag: 350 km
4. Rechenart: insgesamt → (+)
5. Lösung: [km am Samstag] + [km am Sonntag] = [km insgesamt]

   240 km + 350 km = 590 km

2.

2. Gesamtpreis
3. Preis für 1 kg: 2,50 €
   Anzahl der kg: 5
4. 1 kg / 5 kg → (·)
5. [Preis für 1 kg] · [Anzahl der kg] = [Gesamtpreis]

   2,50 € · 5 = 12,50 €

Wenn du noch nicht mit Kommazahlen multiplizieren kannst, musst du so rechnen:
250 ct · 5 = 1250 ct = 12,50 €

3.

2. gesparter Betrag im Jahr
3. Sparbetrag im Monat: 15 €
   Anzahl der Monate: 12
4. 1 Monat / 12 Monate → (·)
5. [Sparbetrag im Monat] · [Anzahl der Monate] = [gesparter Betrag im Jahr]

   15 € · 12 = 180 €

4.

2. Parkplätze insgesamt
3. belegte Parkplätze: 278
   freie Parkplätze: 417
4. insgesamt → (+)
5. [belegte Parkplätze] + [freie Parkplätze] = [Parkplätze insgesamt]

   278 Parkplätze + 417 Parkplätze = 695 Parkplätze

5.

2. Preis für Erwachsene
3. Preis für Kinder: 8 €
   Erwachsene: doppelter Preis
4. doppelt so teuer → (·)
5. [Preis für Kinder] · [2] = [Preis für Erwachsene]

   8 € · 2 = 16 €

6.

2. vorhandene Bücher
3. Gesamtbücherzahl: 158
   ausgeliehene Bücher: 72
4. ausgeliehen → (–)
5. [Gesamtbücherzahl] – [ausgeliehene Bücher] = [vorhandene Bücher]

   158 Bücher – 72 Bücher = 86 Bücher

7.

2. km pro Tag
3. Anzahl der Tage: 7 Tage
   km insgesamt: 315 km
4. 7 Tage / 1 Tag → (:) (durchschnittlich)
5. [km insgesamt] : [Anzahl der Tage] = [km pro Tag]

   315 km : 7 = 45 km

8.

2. Preis für 1 Brötchen
3. Anzahl der Brötchen: 8
   Gesamtpreis: 3,60 €
4. 8 Brötchen / 1 Brötchen → (:)
5. [Gesamtpreis] : [Anzahl der Brötchen] = [Preis für 1 Brötchen]

   3.60 € : 8 = 0.45 € oder 360 ct : 8 = 45 ct

Kontrollieren ist wichtig

1.

a) 17 Personen + 15 Personen = 32 Personen

b) Nein, denn es sitzen 42 Personen im Bus.

c) 42 Personen – 15 Personen = 27 Personen

2.

4 kg (·3) = 12 kg

25 m (·4) = 100 m → 100 m (:4) = 25 m

80 € (– 20 €) = 60 € → 60 € (+ 20 €) = 80 €

120 kg (+ 40 kg) = 160 kg → 160 kg (– 40 kg) = 120 kg

3.

a) Kontrolle: | Strecke am Tag | · | Anzahl der Tage | = | Gesamtstrecke |
|---|---|---|---|---|
| 12 km | · | 4 | = | 48 km |

b) Lösung: 9 €

Kontrolle: | Gesamtpreis | : | Anzahl der Dosen | = | Preis für 1 Dose |
|---|---|---|---|---|
| 9 € | : | 6 | = | 1,50 € |

c) Lösung: 188 €

Kontrolle: 188 € – 69 € = 119 €

d) Lösung: 82 €

Kontrolle: 82 € + 15 € = 97 €

4.

2. Gesucht: Unterschied zwischen den Strecken
3. Gegeben: Landstraße: 253 km
   Autobahn: 210 km
4. Rechenart: Unterschied → ⊖
5. Lösung:

km Landstraße	–	km Autobahn	=	Unterschied
253 km	–	210 km	=	43 km

6. Kontrolle:

Unterschied	+	km Autobahn	=	km Landstraße
43 km	+	210 km	=	253 km

5.

2. Rest der Fußleiste
3. Gesamtlänge: 3 m = 300 cm
   abgesägtes Stück: 30 cm
4. absägen → (–)
5. [Gesamtlänge] – [abgesägtes Stück] = [verbleibende Fußleiste]

   300 cm – 30 cm = 270 cm = 2,70 m
6. 270 cm + 30 cm = 300 cm

6.

2. Tortenstücke insgesamt
3. 12 Personen
   3 Stück Torte pro Person
4. 1 Person / 12 Personen → (·)
5. [Personen] · [Tortenstücke pro Person] = [Tortenstücke insgesamt]

   12 · 3 = 36, also 36 Tortenstücke
6. 36 : 3 = 12

7.

2. Anzahl der Kartons
3. Gesamtanzahl: 324 Eier
   6 Eier pro Karton
4. 324 Eier / 6 Eier → (:)
5. [Gesamtzahl] : [Eier pro Karton] = [Anzahl der Kartons]

   324 Eier : 6 Eier = 54, also 54 Kartons
6. 54 · 6 Eier = 324 Eier

8.

2. Insgesamt
3. Oma: 50 €
   Sparbuch: 170 €
4. Insgesamt → (+)
5. [Sparkonto] + [Oma] = [Insgesamt]

   170 € + 50 € = 220 €

6. 220 € – 50 € = 170 €

Der Antwortsatz schließt eine Aufgabe ab

Aus Platzgründen können wir nicht von jeder Aufgabe den gesamten Lösungsplan angeben.

1.

2. Preis von 1 Flasche
3. Anzahl der Flaschen: 4
   Gesamtpreis: 3,20 € = 320 ct
4. 4 Flaschen / 1 Flasche → (:)

5. [Gesamtpreis] : [Anzahl der Flaschen] = [Preis von 1 Flasche]

   3,20 € : 4 = <u>0,80 €</u>

6. [Preis von 1 Flasche] · [Anzahl der Flaschen] = [Gesamtpreis]

   0,80 € · 4 = 3,20 €

7. Eine Flasche kostet 0,80 €.

2.

4. Rechenart: einzahlen → (+)

5. Lösung: [altes Guthaben] + [Einzahlung] = [neues Guthaben]

   78 € + 16 € = <u>94 €</u>

7. Antwort: Karin hat jetzt 94 € auf ihrem Sparbuch.

3.

4. 1 Paar / 3 Paar → (·)

5. [Preis für 1 Paar] · [Anzahl] = [Gesamtpreis]

   9,99 € · 3 = <u>29,97 €</u>

7. Frau Töpfer muss 29,97 € bezahlen.

4.

4. gespart → (−)

5. [alter Preis] − [neuer Preis] = [gesparter Betrag]

   478 € − 299 € = <u>179 €</u>

7. Herr Schneider hat 179 € gespart.

Bilde selbst Aufgaben

1.

a) 1. Petra spart jede Woche 5 €. Wie viel € hat sie in 8 Wochen?
2. Julia bezahlt 4,50 € für Bonbons. Eine Tüte kostet 1,50 €. Wie viele Tüten kauft sie?
3. Ulf kauft ein Auto für 8,50 €. Er bezahlt mit einem 20-€-Schein.
Wie viel € erhält er zurück?
4. Auf einer Autofähre stehen schon 285 Autos. 197 Autos müssen noch verladen werden. Wie viele Autos sind es insgesamt?

b) zu 1. 4. 1 Woche / 8 Wochen → ⊙
5. 5 € · 8 = <u>40 €</u>
7. In 8 Wochen hat Petra 40 €.

zu 2. 4. 4,50 € / 1,50 € → (:)
5. 4,50 € : 1,50 € = <u>3</u>
7. Julia kauft 3 Tüten.

zu 3. 4. erhält zurück → ⊖
5. 20 € – 8,50 € = <u>11,50 €</u>
7. Ulf erhält 11,50 € zurück.

zu 4. 4. insgesamt → ⊕
5. 285 Autos + 197 Autos = <u>482 Autos</u>;
7. Es sind insgesamt 482 Autos.

2.

1. Jan möchte sich eine Lokomotive für 180 € kaufen. Wie lange muss er sparen, wenn er jeden Monat 15 € zurücklegt?
4. 180 € / 15 € → (:)
5. 180 € : 15 € = <u>12</u>;
7. Jan muss 12 Monate sparen.

2. Anja kauft 4 Kinokarten zu je 9 €. Wie viel € muss sie bezahlen?
4. 1 Kinokarte / 4 Kinokarten → ⊙
5. 9 € · 4 = <u>36 €</u>;
7. Anja muss 36 € bezahlen.

3. Beim Sportfest wirft Ina den Ball 26 m weit. Wie viel m wirft Katrin, wenn ihr Ball 5 m weiter fliegt?
   4. fliegt weiter → (+)
   5. 26 m + 5 m = 31 m;
   7. Katrin wirft den Ball 31 m weit.

4. Björn ist 12 Jahre alt. Seine Schwester Karola ist 4 Jahre jünger. Wie alt ist Karola?
   4. jünger → (−)
   5. 12 Jahre – 4 Jahre = 8 Jahre;
   7. Karola ist 8 Jahre alt.

3.

Diese Aufgaben sind nur Beispiele. Der Text kann bei dir anders aussehen. Vergleiche, ob du bei deinen Aufgaben dieselben Lösungen erhältst wie hier.

a) Frau König bezahlt für 5 Apfelsinen 2,15 €. Wie viel kostet eine Apfelsine?
   2,15 € : 5 = 0,43 €

b) Frau Walter kauft für ihr Enkelkind ein Spielzeugauto für 28 €. Sie bezahlt mit einem 50-€-Schein. Wie viel Geld erhält sie zurück?
   50 € – 28 € = 22 €

Lösungsplan 2

Beispiel:

6. Rechnung: 8 · 12 € = 96 €
160 € – 96 € = 64 €
64 € : 4 = 16 €

7. Kontrolle: 12 € · 8 + 16 € · 4 = 160 €
8. Martin muss ab September jeweils 16 € im Monat bezahlen.

Wovon handelt die Aufgabe?

1.
In ein Parkhaus mit 458 Stellplätzen fahren 230 Autos hinein und 128 Autos heraus.

2.
Es werden Ansichtskarten zu 40 ct und 50 ct verkauft und Zeitungen zu 80 ct.

3.
Herr Meier kauft 3 Kisten Limonade und 2 Kisten Mineralwasser. Jede Kiste kostet 3 € Pfand.

4.
4 Rohrstücke werden von einem 3 m langen Eisenrohr abgeschnitten.

5.
Frau Wippermann kauft eine Waschmaschine. Einen Teil des Preises zahlt sie sofort, den Rest in Raten.

6.
3 Kunden werden mit Öl beliefert. Im Tankwagen sind 6000 l Öl.

7.
Ein Erwachsener und zwei Kinder gehen in den Zoo. Sie bezahlen mit einem 50-€-Schein.

8. Tennisbälle werden in Dosen und Kartons verpackt.

Gesucht – Gegeben

1.

1.1 3. Gesucht: Anzahl freier Parkplätze
4. Gegeben: Gesamtzahl der Parkplätze: 458
Autos hinein: 230
Autos heraus: 128

1.2 3. Gesamteinnahme
4. 350 Ansichtskarten zu je 40 ct
210 Ansichtskarten zu je 50 ct
500 Zeitungen zu 80 ct

1.3 3. Gesamtpreis
4. 3 Kisten Limonade zu je 8 €
2 Kisten Mineralwasser zu je 6 €
3 € Pfand pro Kiste

1.4 3. Länge des Reststücks
4. Gesamtlänge: 3 m
4 Rohrstücke zu je 45 cm

1.5 3. Anzahl der Monate
4. Preis der Waschmaschine: 1490 €
sofort bezahlt: 890 €
1 Monatsrate: 120 €

2.

3. Gesamtbetrag
4. Berliner: 80 ct
Brötchen: die Hälfte von 80 ct = 40 ct
Anzahl Berliner: 6
Anzahl Brötchen: das Doppelte von 6 = 12

3.

2. Zugreisende steigen ein und aus.
3. Personen im Zug jetzt
4. Personen im Zug vorher: 350
   aussteigende Personen: die Hälfte von 350 = 175
   einsteigende Personen: 40

4.

2. Für eine Dienstreise zahlt die Firma Kilometer- und Tagegeld.
3. erstattetes Geld
4. Dauer der Dienstreise: 3 Tage
   gefahrene Kilometer: 485 km
   Kilometergeld: 40 ct pro km
   Verpflegungsgeld: 75 € pro Tag

5.

2. Eine neue Brille wird gekauft.
3. zu zahlender Betrag
4. Preis des Gestells: 78 €
   Preis der Gläser: 60 €
   Zuschuss der Krankenkasse: 40 €

6.

2. Rechnung in einem Restaurant
3. Gesamtsumme
4. 2 Schnitzel zu je 9,50 €
   3 Mixgetränke zu je 2 €
   1 Apfelsaft zu 2,50 €

7.

2. Preis für Urlaubsbilder
3. Preis je Bild
4. Filmpreis: 4 €
   Entwicklung: 3 €
   Anzahl der Bilder: 36
   Preis pro Abzug: 30 ct

Zerlegen in Teilaufgaben

1.

a) 250 Eier · 12 = 3000 Eier

b) 300 Eier · 15 = 4500 Eier

c) 3000 Eier + 4500 Eier = 7500 Eier

2.

a); b) Malergeselle / 8 Stunden / 33 € → 33 € · 8 = 264 €
Lehrling 5 Stunden / 18 € → 18 € · 5 = 90 €
Gesamtkosten: 264 € + 90 € = 354 €

3.

a) 8 Softbälle für 15 € pro Stück → 15 € · 8 = 120 €

b) 4 Fußbälle für 32 € pro Stück → 32 € · 4 = 128 €

c) 2 Medizinbälle für 60 € das Stück → 60 € · 2 = 120 €

d) € zusammen → 120 € + 128 € + 120 € = 368 €

4.

a) 3 Tulpen / 1 Tulpe 80 ct → 80 ct · 3 = 240 ct = 2,40 €

b) 4 Narzissen / 1 Narzisse 60 ct → 60 ct · 4 = 240 ct = 2,40 €

c) 2 Lilien / 1 Lilie 1,50 € → 1,50 € · 2 = 3,00 €

d) insgesamt → 2,40 € + 2,40 € + 3,00 € = 7,80 €

5.

a) 6-mal / 18 € → 18 € · 6 = 108 €

b) und 50 € → 108 € + 50 € = 158 €

c) fehlen an 200 € → 200 € – 158 € = 42 €

6.

a) 6 Raten / 1 Rate 2000 € → 6 · 2000 € = 12 000 €

b) und 5000 € → 12 000 € + 5000 € = 17 000 €

c) Rest → 18 000 € – 17 000 € = 1000 €

Von nun an fehlen die Unterstreichungen.

7.

a) 8 Tafeln / 125 g → 125 g · 8 = 1000 g

b) außerdem 500 g Kaffee → 1000 g + 500 g = 1500 g

c) 2 kg / fehlen noch → 2000 g – 1500 g = 500 g

8.

a) Typ A / 4500 Schrauben / 3 Maschinen → 4500 Schr. · 3 = 13 500 Schr.

b) Typ B / 3800 / 5 → 3800 Schr. · 5 = 19 000 Schr.

c) Typ C / 2500 / 2 → 2500 Schr. · 2 = 5000 Schr.

d) Gesamtproduktion:
13 500 Schr. + 19 000 Schr. + 5000 Schr. = 37 500 Schr.

9.

a) 45 Scheine / 50 €-Scheine → 45 · 50 € = 2250 €
b) 60 Scheine / 20 €-Scheine → 60 · 20 € = 1200 €
c) Zusammen → 2250 € + 1200 € = 3450 €
d) Rest → 4000 € – 3450 € = 550 €
e) 5 €-Scheine → 550 € : 5 € = 110, also 110 Scheine

10.

a) Typ A / 4500 Schrauben / 8 Maschinen → 4500 Schr. · 8 = 36 000 Schr.

b) Typ B / 3800 Schrauben / 11 Maschinen → 3800 · 11 = 41 800 Schr.

c) noch produziert werden:
100 000 Schr. – 36 000 Schr. – 41 800 Schr. = 22 200 Schr.

11.

a) 15 Kühe/jede Kuh/3100 l → 3100 l · 15 = 46 500 l

b) Ein l / 20 ct → 46 500 · 20 ct = 930 000 ct = 9300 €

12.

a) Jede Woche/375 Zeitungen/48 Wochen → 375 Zeitungen · 48 = 18 000 Zeitungen

b) pro Zeitung/8 Cent → 18 000 · 8 ct = 144 000 ct = 1440 €

13.

a) 6 Tennisbälle / eine Schachtel / 60 Schachteln → 6 T. · 60 = 360 T.

b) 4 Kisten → 360 T. · 4 = 1440 T.

14.

a) 8 · 15 € = 120 €

b) 200 € – 120 € = 80 €

c) 80 € : 4 = 20 €

15.

a) 12 Pakete zu je 20 kg → 20 kg · 12 = 240 kg

b) 1400 kg / Rest → 1400 kg – 240 kg = 1160 kg

c) 5 Pakete → 1160 kg : 5 = 232 kg

16.

a) 24 Fl. · 30 = 720 Fl.

b) 16 Fl. · 20 = 320 Fl.

c) 720 Fl. + 320 Fl. = 1040 Fl.

d) 1040 Fl. · 5 = 5200 Fl.

17.

a) 5 Kisten zu je 80 kg → 80 kg · 5 = 400 kg

b) 4 Kisten zu je 120 kg → 120 kg · 4 = 480 kg

c) und → 400 kg + 480 kg = 880 kg

d) 3 Container → 880 kg · 3 = 2640 kg

18.

a) 180 € / hinzu / 50 € → 180 € + 50 € = 230 €

b) 80 € / den Rest → 230 € – 80 € = 150 €

c) im Monat 30 € / In wie viel Monaten? → 150 € : 30 € = 5, also in 5 Monaten

19.

a) 1600 € / außerdem / 300 € → 1600 € + 300 € = 1900 €

b) Zuschuss von 400 € → 1900 € – 400 € = 1500 €

c) jeden Schüler / 25 Schüler → 1500 € : 25 = 60 €

Rechnen über die Einheit

1.

a) 45 km : 3 = 15 km

b) Wie viel km in 5 h? 15 km · 5 = 75 km

2.

für 20 € 4 m Stoff; 24 €

a) Wie viel m Stoff erhält sie für 1 €? 4 m : 20 = 0,20 m

b) Wie viel m Stoff erhält sie für 24 €? 0,20 m · 24 = 4,80 m

3.

3 l Motorenöl / 12 €; 5 l

a) Wie viel kostet 1 l? 12 € : 3 = 4 €

b) Wie viel kosten 5 l? 4 € · 5 = 20 €

4.

8 kg / 4 €; 3 €

a) Wie viel kg bekommt man für 1 €? 8 kg : 4 = 2 kg

b) Wie viel kg bekommt man für 3 €? 2 kg · 3 = 6 kg

5.

5 Filzst. / 2,50 €; 12 Filzst.

a) 2,50 € : 5 = 0,50 € b) 0,50 € · 12 = 6 €

6.

4 Stunden 3200 km; 6 Stunden

a) 3200 km : 4 = 800 km b) 800 km · 6 = 4800 km

7.

5 Stunden 2000 l; 8 Stunden

a) 2000 l : 5 = 400 l b) 400 l · 8 = 3200 l

Eine Zeichnung kann helfen

1.

a)

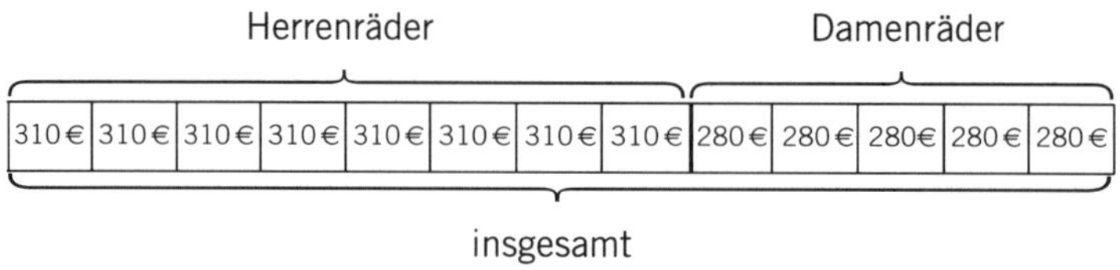

b) 310 € · 8 = 2480 €; 280 € · 5 = 1400 €

2480 € + 1400 € = <u>3880 €</u>

2.

a)

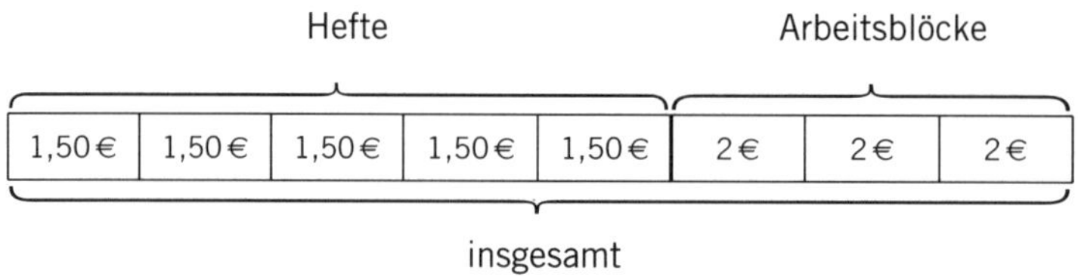

b) 1,50 € · 5 = 7,50 €; 2 € · 3 = 6 €;

7,50 € + 6 € = <u>13,50 €</u>

3.

a)

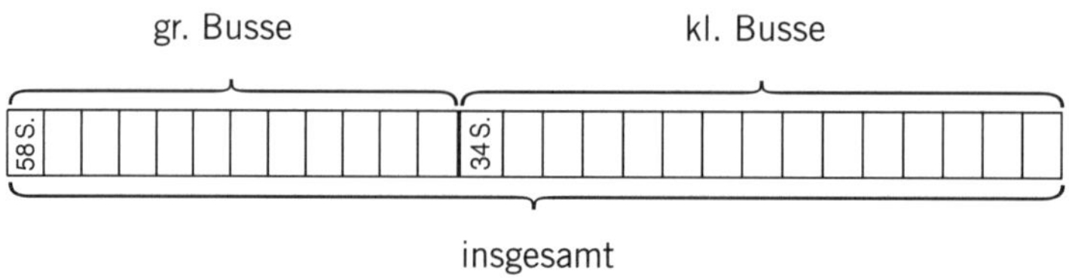

b) 58 S. · 12 = 696 S.; 34 S. · 15 = 510 S.

696 S. + 510 S. = 1206 S., also <u>1206 Fans</u>

Im Folgenden ist das Streifenbild nicht vollständig ausgefüllt.
Die sich wiederholenden Angaben sind nur einmal aufgeführt.
Du kannst ebenso vorgehen!

4.

a)

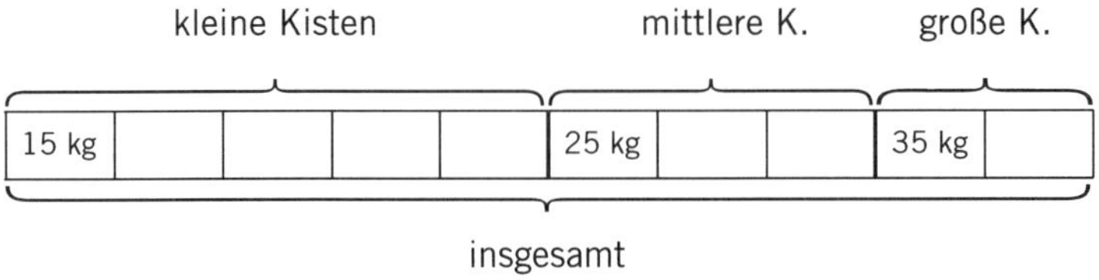

b) 15 kg · 5 = 75 kg; 25 kg · 3 = 75 kg; 35 kg · 2 = 70 kg;
75 kg + 75 kg + 70 kg = <u>220 kg</u>

5.

a)

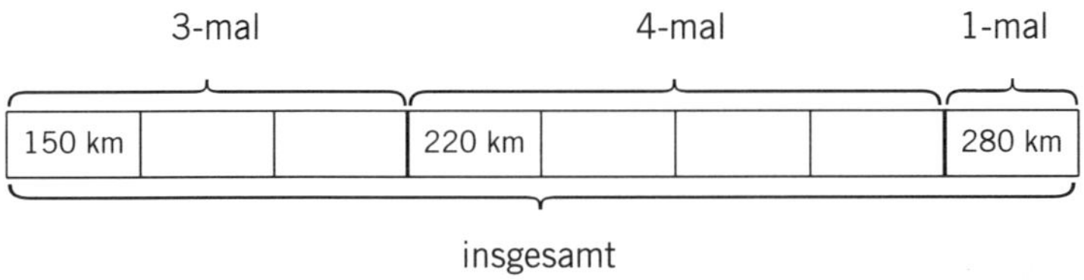

b) 150 km · 3 = 450 km; 220 km · 4 = 880 km;
450 km + 880 km + 280 km = <u>1610 km</u>

6.

a)

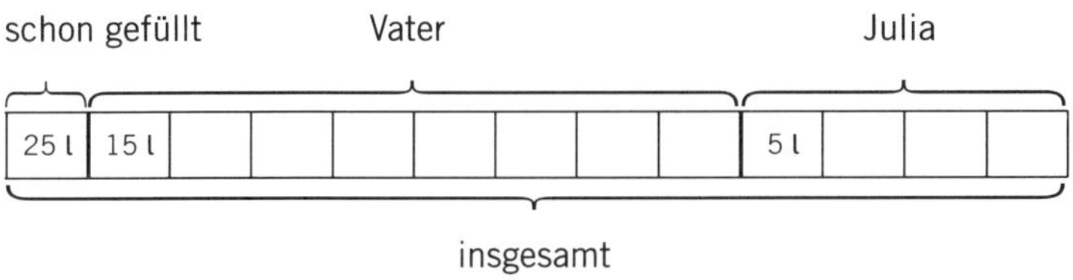

b) 15 l · 8 = 120 l; 5 l · 4 = 20 l; 25 l + 120 l + 20 l = <u>165 l</u>

7.

a)

b) 15 € · 5 = 75 €; 75 € + 50 € = 125 €;
150 € – 125 € = <u>25 €</u>

8.

a)

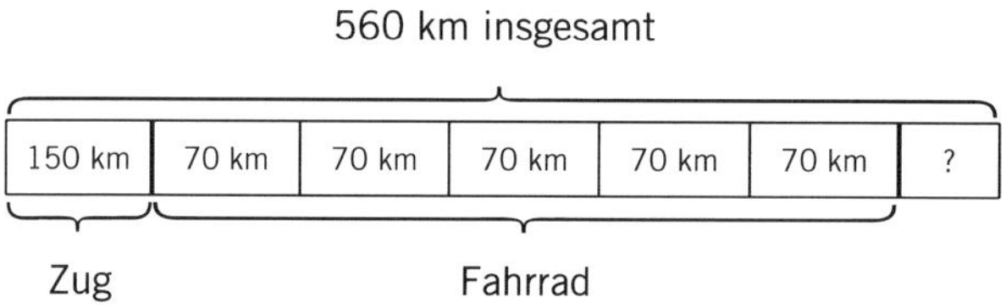

b) 70 km · 5 = 350 km; 150 km + 350 km = 500 km;
560 km – 500 km = 60 km

9.

a)

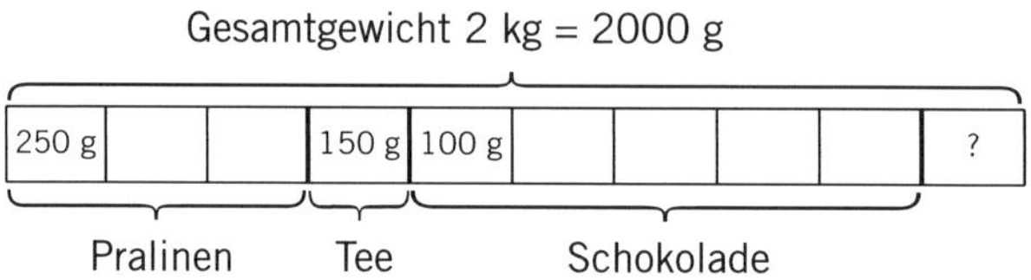

b) 250 g · 3 = 750 g; 100 g · 5 = 500 g;
750 g + 500 g + 150 g = 1400 g; 2000 g – 1400 g = 600 g

10.

a)

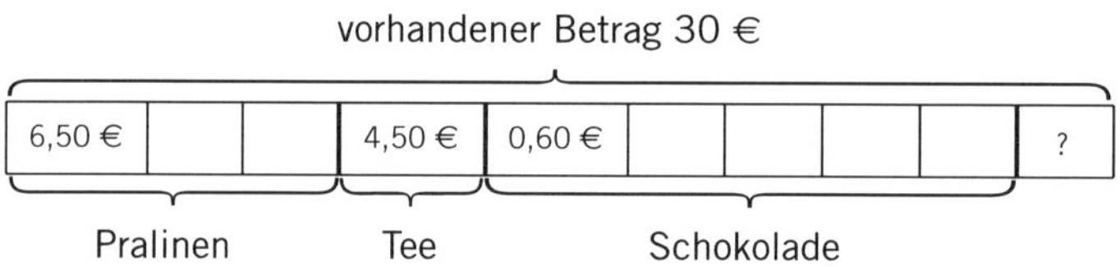

b) 6,50 € · 3 = 19,50 €; 0,60 € · 5 = 3,00 €;
19,50 € + 3,00 € + 4,50 € = 27 €; 30 € – 27 € = 3 €

11.

a)

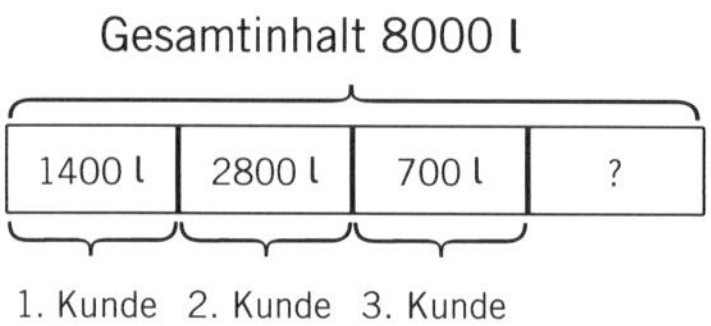

b) 1400 l + 2800 l + 700 l = 4900 l; 8000 l – 4900 l = 3100 l

12.

a)

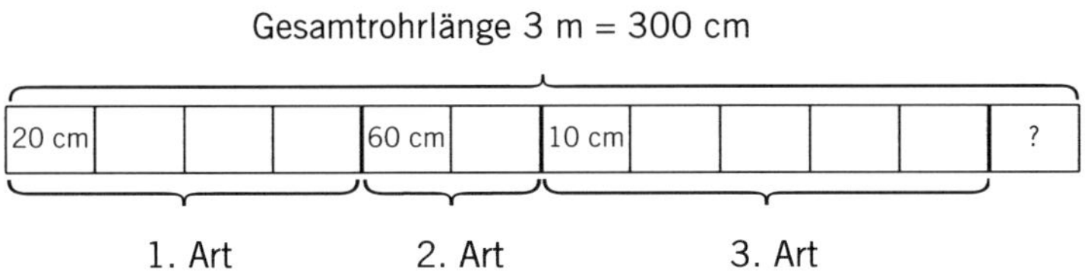

b) 20 cm · 4 = 80 cm; 60 cm · 2 = 120 cm; 10 cm · 5 = 50 cm;
80 cm + 120 cm + 50 cm = 250 cm; 300 cm – 250 cm = 50 cm

13.

Laura spart für ein Fahrrad, das 250 € kosten soll. Sie besitzt schon 100 €. Von ihrem Taschengeld will sie dreimal 20 € zurücklegen. Ihre Oma schenkt ihr 50 €. Wie viel € fehlen ihr noch?

14.

Stephan kauft sich für seine Eisenbahn 4 Schienen zu je 25 €, 2 Weichen zu je 35 € und 3 Güterwagen zu je 45 €. Wie viel € muss er bezahlen?

15.

a)

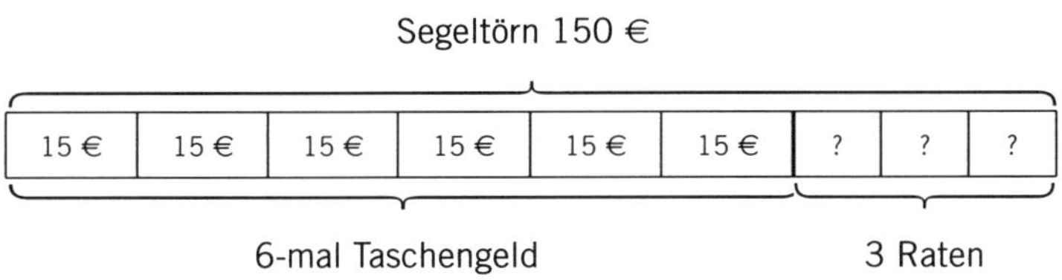

b) 15 € · 6 = 90 €; 150 € – 90 € = 60 €;
60 € : 3 = 20 €

16.

a)

b) 25 km · 4 = 100 km; 160 km – 100 km = 60 km;
60 km : 3 = 20 km

17.

a)

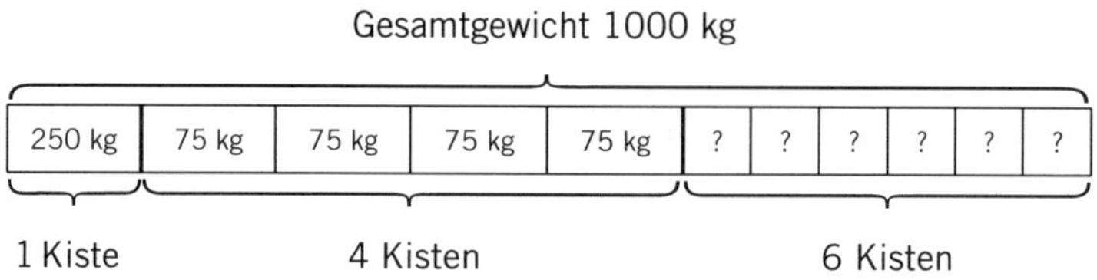

b) 75 kg · 4 = 300 kg; 250 kg + 300 kg = 550 kg;
1000 kg – 550 kg = 450 kg; 450 kg : 6 = <u>75 kg</u>

18.

a)

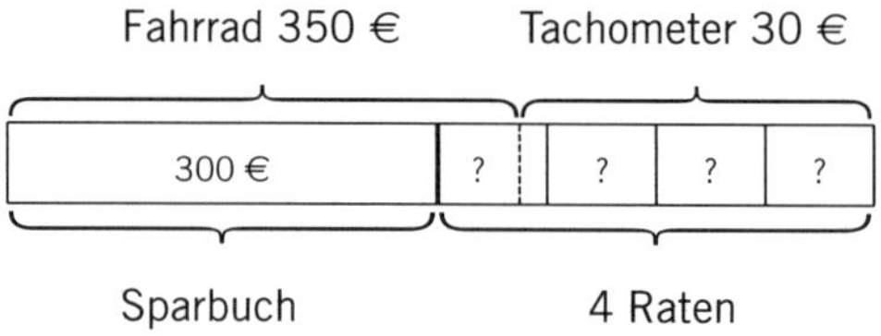

b) 350 € + 30 € = 380 €; 380 € – 300 € = 80 €;
80 € : 4 = <u>20 €</u>

19.

a)

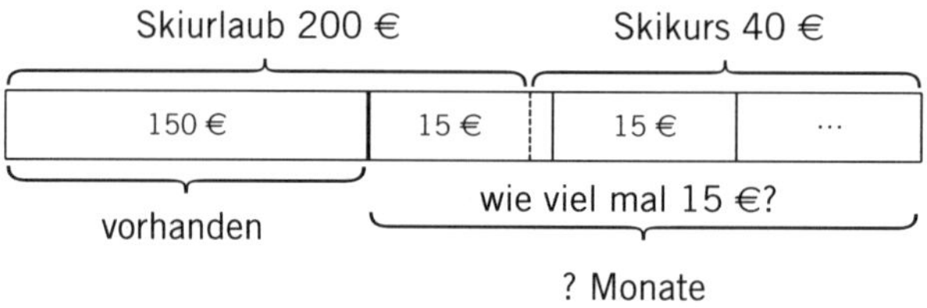

b) 200 € + 40 € = 240 €; 240 € – 150 € = 90 €;
90 € : 15 € = 6; also <u>6 Monate</u>

20.

a)

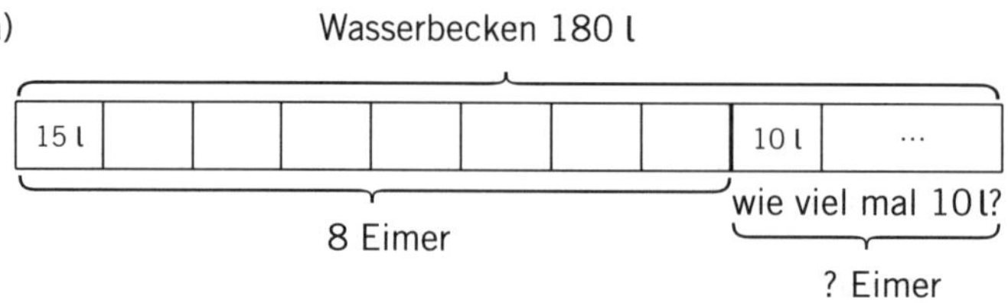

b) 15 l · 8 = 120 l; 180 l – 120 l = 60 l; 60 l : 10 l = 6;
also <u>6 Eimerfüllungen</u>

21.

a)

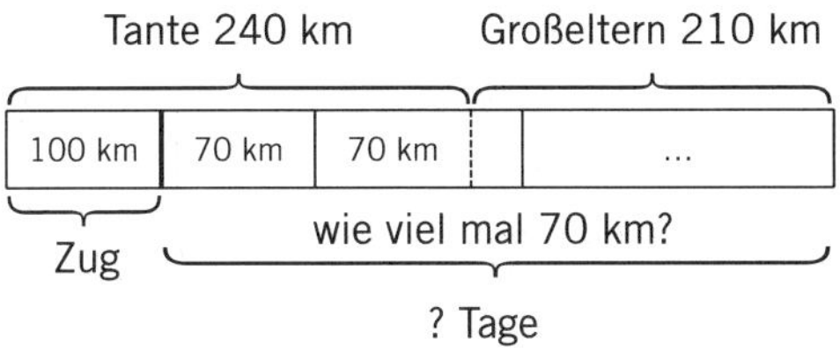

b) 240 km + 210 km = 450 km; 450 km – 100 km = 350 km;
350 km : 70 km = 5; also 5 Tage

22.

a)

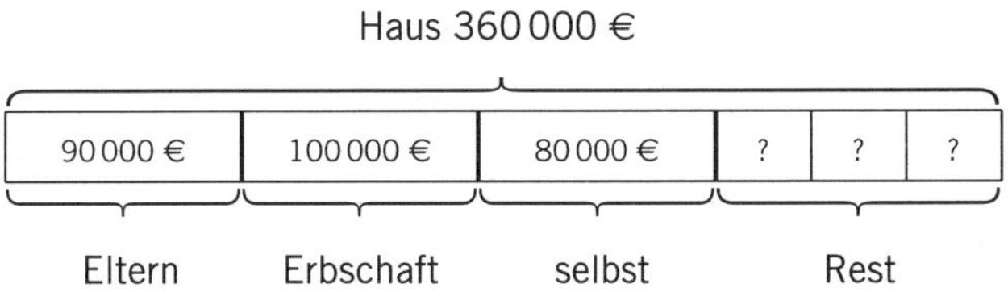

b) 360 000 € : 4 = 90 000 € (ein Viertel der Summe);
90 000 € + 100 000 € + 80 000 € = 270 000 €;
360 000 € – 270 000 € = 90 000 €;
90 000 : 3 = 30 000 €

23.

a)

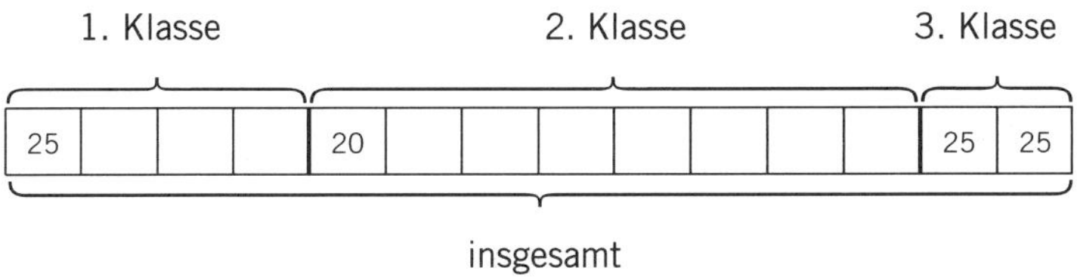

b) $25 \cdot 4 = 100$; $20 \cdot 8 = 160$; $25 \cdot 2 = 50$; $100 + 160 + 50 = 310$

24.

a)

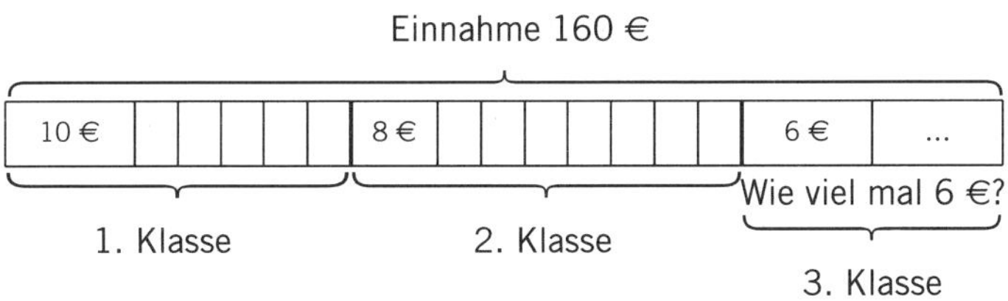

b) 10 € · 6 = 60 €; 8 € · 8 = 64 €;
60 € + 64 € = 124 €; 160 € – 124 € = 36 €;
36 € : 6 € = 6; also 6 Personen

25.

Die Zeichnung ist zu unübersichtlich. Hier kannst du dir durch Unterstreichen einen besseren Überblick verschaffen.

4 Tennisbälle / 6 Dosen: 4 T. · 6 = 24 T.
5 Kisten: 24 T. · 5 = 120 T.

26.

Auch hier ist Unterstreichen besser geeignet!

4 kg / 34 € → Wie viel kostet 1 kg?: 34 €: 4 = 8,50 €
6 kg: 8,50 € · 6 = 51 €

27.

Löse so:
24 € / 3 m → Wie viel kostet 1 m?: 24 €: 3 = 8 €
32 € → ? m: 32 €: 8 €= 4; also 4 m

Unterstreichen oder Zeichnen

1.

a) 4500 Sch. · 3 = 13 500 Sch.; 5000 Sch. · 4 = 20 000 Sch.;
13 500 Sch. + 20 000 Sch. = 33 500 Sch.

b)

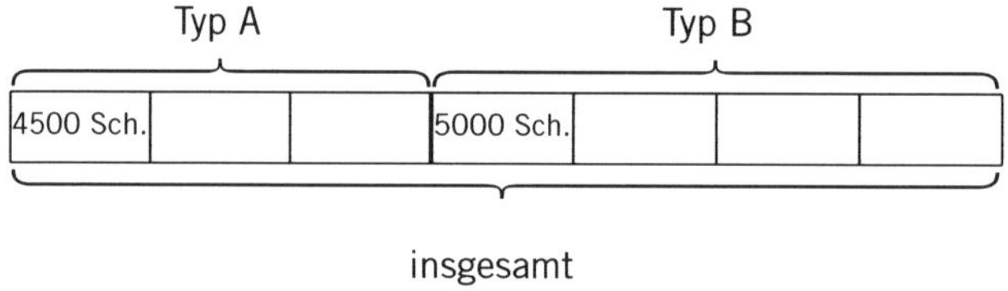

2.

a) 3 Tagen / 45 km
2 Tagen / 55 km
und
400 km / fehlen noch

b) 45 km · 3 = 135 km
55 km · 2 = 110 km
135 km + 110 km = 245 km
400 km – 245 km = 155 km

c)

3.

35,50 € · 3 = 106,50 €
47 € · 4 = 188 €
106,50 € + 188 € + 48 € = 342,50 €
500 € – 342,50 € = 157,50 €

4.

Kleid: 140 € : 2 = 70 €
Strümpfe: 13,50 € : 2 = 6,75 €
Bluse: 125 € : 2 = 62,50 €
6,75 € · 3 = 20,25 €
70 € + 20,25 € + 62,50 € = 152,75 €
500 € – 152,75 € = 347,25 €

5.

140 Pl. + 70 Pl. = 210 Pl.
270 Pl. – 210 Pl. = 60 Pl.
60 Pl. : 12 Pl. = 5; also 5 Pakete

6.

12 Pfl. · 8 = 96 Pfl.

10 Pfl. · 6 = 60 Pfl.

96 Pfl. + 60 Pfl. = 156 Pfl.

300 Pfl. – 156 Pfl. = 144 Pfl.

144 Pfl. : 8 Pfl. = 18; also 18 Paletten

7.

2000 B. + 2 · 2500 B. + 3000 B. = 10 000 B.

16 000 B. – 10 000 B. = 6000 B.

6000 B. : 3 = 2000 B.; also 2000 Besucher täglich

8.

4 Sch. · 5 + 6 Sch. · 3 + 8 Sch. · 4 = 20 Sch. + 18 Sch. + 32 Sch. = 70 Sch.

9.

120 € · 20 + 80 € · 5 = 2400 € + 400 € = 2800 €

2800 € · 7 = 19 600 €

10.

50 € + 20 € = 70 €

120 € – 70 € = 50 €

50 € : 4 = 12,50 €

11.

44 € + 3 · 20 € = 104 €

200 € – 104 € = 96 €

96 € : 12 € = 8; also 8 Schienen

12.

kleine Kiste enthält: 120 P. : 2 = 60 P.

Anzahl der kl. Kisten: 3 · 20 K. = 60 K.

insgesamt: 120 P. · 20 + 60 P. · 60 = 2400 P. + 3600 P. = 6000 P.

13.

43,50 € : 3 = 14,50 €

14,50 € · 5 = 72,50 €

Tabellen als Lösungshilfen

1.

	1 Rolle Tapete	1 Dose Farbe	1 Packung Tapetenkl.
Baumarkt	3,29 €	6,49 €	2,39 €
Farbengeschäft	3,50 €	6,29 €	2,95 €

b) Baumarkt: 4 · 3,29 € + 3 · 6,49 € + 2 · 2,39 € = 37,41 €
Farbengeschäft: 4 · 3,50 € + 3 · 6,29 € + 2 · 2,95 € = 38,77 €

c) Am günstigsten kauft man im Baumarkt ein.

2.

a)

	1 kg Apfelsinen	1 kg Mandarinen	1 kg Äpfel
Wochenmarkt	1,70 €	1,40 €	1,50 €
Supermarkt	1,80 €	1,30 €	1,60 €

b) Wochenmarkt: 15,70 €; Supermarkt: 16,10 €

c) Auf dem Wochenmarkt ist das Obst billiger.

3.

a)

	1 Mixgetränk	1 Eisbein	1 Salat
Grüner Kranz	2,00 €	11,50 €	4,50 €
Goldener Adler	1,60 €	11,80 €	4,80 €

b) Grüner Kranz: 58 €; Goldener Adler: 57,80 €

c) Im „Goldenen Adler“ isst man günstiger.

4.

	1 Spiel 2,50 €	1 Kassette 1,50 €	1 Stofftier 0,50 €
Julia	4	2	3
Kilian	5	3	

1

Julia: 14,50 €; Kilian: 17,50 €

5.

a)/c)	Dreierreihen	3	6	9	12	15	18	21
1)	Dreierreihen mit 2 übrig	5	8	11	14	17	20	23
	Viererreihen	4	8	12	16	20	24	28
2)	Viererreihen mit 3 übrig	7	11	15	19	23	27	31

b) 11

c) 23

d) Es können 11 oder 23 Schüler in der Klasse sein, denn diese Zahlen tauchen doppelt auf.

6.

a)

teilbar durch 5	5	10	15	20	25	30	35	40
mit Rest 2	7	12	17	22	27	32	37	42
teilbar durch 6	6	12	18	24	30	36	42	48
mit Rest 1	7	13	19	25	31	37	43	49

b) 37 ist eine gesuchte Zahl.

7.

a) – c)

Uhrzeit	9	10	11	12	13	14	15	16	17
Besucher	100	100	100	50					
		100	100	100	50				
			100	100	100	50			
				100	100	100	50		
					100	100	100	50	
						100	100	100	50
insgesamt	100	200	300	350	350	350			

Um 9 Uhr sind 100 Besucher da, um 10 Uhr 200, um 11 Uhr 300, um 12 Uhr 350, um 13 Uhr 350 und um 14 Uhr ebenfalls 350.

8.

Uhrzeit	9	10	11	12	13	14	15	16
Besucher	400	400	200					
		400	400	200				
			400	400	200			
				400	400	200		
					400	400	200	
						400	400	200
insgesamt	400	800	1000	1000	1000	1000		

9.

Woche	1.	2.	3.	4.	5.	6.	7.	8.
Urlauber	300	300	100					
		300	300	100				
			300	300	100			
				300	300	100		
					300	300	100	
						300	300	100
insgesamt	300	600	700	700	700	700		

10.

insgesamt:	1. Woche:	500 Urlauber;	2. Woche:	1000 Urlauber;
	3. Woche:	1100 Urlauber;	4. Woche:	1100 Urlauber;
	5. Woche:	1100 Urlauber;	6. Woche:	1100 Urlauber

11.

a)

Mo.	Di.	Mi.	Do.	Fr.	Sa.	So.
65 km	75 km	75 km	75 km	75 km	?	?

b) $65\ \text{km} + 4 \cdot 75\ \text{km} = 365\ \text{km}$

$500\ \text{km} - 365\ \text{km} = 135\ \text{km}$

c) $135\ \text{km} : 2 = \underline{\underline{67{,}5\ \text{km}}}$

Sie müssen durchschnittlich 67,5 km zurücklegen.

12.

a)

Mo.	Di.	Mi.	Do.	Fr.	Sa	So.
150 l	150 l	150 l	130 l	?	?	?

b) $3 \cdot 150\ l + 130\ l = 580\ l$

$1000\ l - 580\ l = 420\ l$

c) $420\ l : 3 = \underline{\underline{140\ l}}$

Im Folgenden haben wir aus Platzgründen die Tabellen eingespart.

13.

b) $35\ l + 2 \cdot 42\ l + 46\ l = 165\ l$

$300\ l - 165\ l = 135\ l$

c) $135\ l : 3 = \underline{\underline{45\ l}}$

14.

$42\ l + 2 \cdot 39\ l + 3 \cdot 45\ l + 25\ l = 280\ l$

$280\ l : 7 = \underline{\underline{40\ l}}$

15.

$10\ € + 4 \cdot 20\ € + 30\ € + 3 \cdot 15\ € + 3 \cdot 25\ € = 240\ €$;

$240\ € : 12 = \underline{\underline{20\ €}}$

16.

$4 \cdot 15\ € + 40\ € + 5 \cdot 20\ € = 200\ €$

$250\ € - 200\ € = 50\ €$; $50\ € : 2 = \underline{\underline{25\ €}}$

17.

a) 1 kg kostet 1,50 €

b) 5 kg kosten 7,50 €

18.

Für 1 € erhält man 0,500 kg.

Für 6 € erhält man 3 kg.

19.

:3 ·4

3 m	1 m	4 m
48 €	16 €	64 €

:3 ·4

20.

:3 ·24

3 €	1 €	24 €
24 m	8 m	192 m

:3 ·24

21.

In 1 h → 560 l : 8 = 70 l

In 10 h → 70 l · 10 = 700 l

22.

Mit 1 l → 120 km : 6 = 20 km

Mit 8 l → 20 km · 8 = 160 km

Aufgaben ohne vorgegebene Lösungshilfe

1. a)

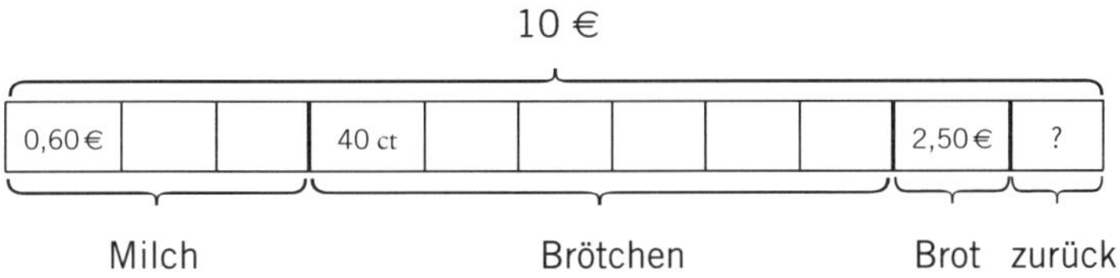

b) 3 l / zu je 0,60 € → 0,60 € · 3 = 1,80 €

6 Brötchen für je 40 ct → 40 ct · 6 = 240 ct = 2,40 €

und 2,50 € → 1,80 € + 2,40 € + 2,50 € = 6,70 €

10 € / erhält zurück → 10 € – 6,70 € = 3,30 €

2.

a)

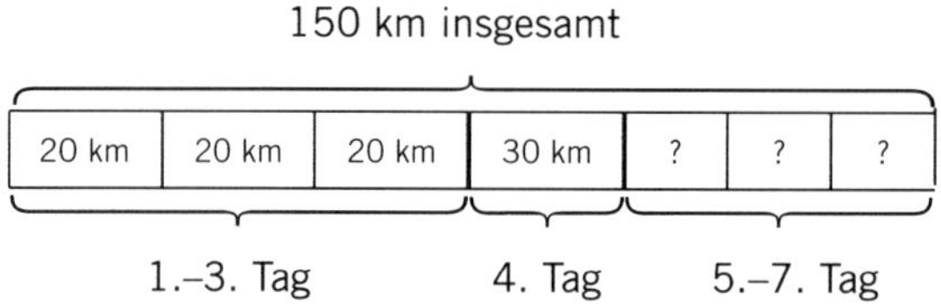

b)

1. Tag	2. Tag	3. Tag	4. Tag	5. Tag	6. Tag	7. Tag
20 km	20 km	20 km	30 km	?	?	?

c) drei Tage / jeweils 20 km: $3 \cdot 20$ km = 60 km
30 km: 60 km + 30 km = 90 km
150 km: 150 km – 90 km = 60 km
jeweils: 60 km : 3 = 20 km

3.

a)

: 3 → · 4

3 kg	1 kg	4 kg
15 €	5 €	20 €

: 3 → · 4

b) 3 kg / 15 € → 1 kg kostet 15 € : 3 = 5 €
4 kg kosten: 5 € · 4 = 20 €

4.

80 P. · 6 + 60 P. · 10 = 1080 P.

5.

25 P. + 45 P. = 70 P.; 320 P. – 70 P. = 250 P.
250 P. : 50 P. = 5; also fünfmal

6.

Berg- und Talfahrt: 600 Personen
nur Bergfahrt: 1200 P. : 3 = 400 P.
nur Talfahrt: 1200 P. – 600 P. – 400 P. = 200 P.
Gesamteinnahme: 10 € · 600 + 8 € · 400 + 5 € · 200 =
= 10 200 €

7.

1 m kostet: 75 € : 3 = 25 €

4 m kosten: 25 € · 4 = 100 €

8.

1. Woche:	600 Urlauber;	2. Woche:	1200 Urlauber;
3. Woche:	1400 Urlauber;	4. Woche:	1400 Urlauber;
5. Woche:	1400 Urlauber;	6. Woche:	1400 Urlauber

Kontrolle und Antwortsatz

1.

a) Kontrolle:

130 Fl. – 80 Fl. = 50 Fl.

80 Fl. : 8 = 10 Fl.

50 Fl. : 5 = (10 Fl.)

Hier müssten 12 Flaschen herauskommen; also steckt in der Rechnung ein Fehler.

Richtige Rechnung:

12 Fl. · 5 = 60 Fl.

10 Fl. · 8 = 80 Fl.

60 Fl. + 80 Fl. = 140 Fl.

b) Kontrolle:

6 € · 4 = 24 €

24 € + 96 € = (120 €)

Hier müsste es 160 € heißen, an dieser Stelle wurde also falsch gerechnet.

Richtige Rechnung:

12 € · 8 = 96 €

160 € – 96 € = 64 €

64 € : 4 = 16 €

c) Kontrolle:

5 B. + 195 B. = 200 B.

195 B. – 125 B. = (70 B.)

Es müssen aber 60 Bälle sein, also steckt hier ein Fehler.

Richtige Rechnung:

15 B. · 4 = 60 B.

25 B. · 5 = 125 B.

60 B. + 125 B. = 185 B.

200 B. – 185 B. = 15 B.

2.

3. Gesamteinnahme einer Woche
4. Erwachsenenkarte: 8 €
   Schülerkarte: 6 €
   täglich verkaufte Erwachsenenkarten: 250
   täglich verkaufte Schülerkarten: 150

6. Erwachsene: 8 € · 250 = 2000 €;
   Schüler: 6 € · 150 = 900 €
   täglich: 2000 € + 900 € = 2900 €;
   in einer Woche: 2900 € · 7 = 20 300 €

7. 20 300 € : 7 = 2900 €;
   2900 € – 900 € = 2000 €
   900 € : 150 = 6 €; 2000 € : 250 = 8 €

8. Die Gesamteinnahme des Kinos beträgt in der Woche 20 300 €.

3.

2. Einkauf für Urlaub

3. zurückerhaltenes Geld

4. 3 Paar Badelatschen zu je 15 €
   2 Strandtaschen zu je 12,50 €
   5 Rätselhefte zu je 1,80 €
   Bezahlt wird mit 100 €

5.

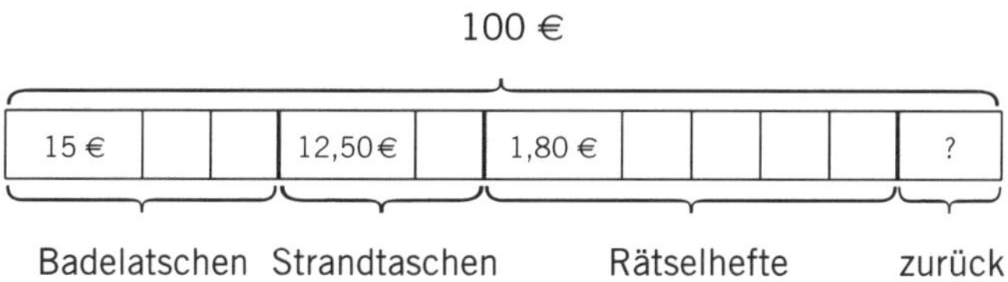

6. Badel.: 3 · 15 € = 45 €;
   Strandt.: 2 ·12,50 € = 25 €
   Rätselh.: 5 ·1,80 € = 9 €;
   insgesamt: 45 € + 25 € + 9 € = 79 €
   Geld zurück: 100 € – 79 € = 21 €

7. 21 € + 79 € = 100 €;
   79 € – 9 € – 25 € – 45 € = 0 €
   9 € : 1,80 € = 5; 25 € : 12,50 € = 2; 45 € : 15 € = 3

8. Mutter erhält 21 € zurück.

Von den folgenden Aufgaben geben wir nur noch den Lösungsweg und das Ergebnis an.

4.

6. 170 km + 2 · 150 km + 2 · 200 km = 870 km;
   von Mo bis Fr sind es 5 Tg. → 870 km : 5 = 174 km
8. Onkel Rudi fährt am Tag durchschnittlich 174 km.

Jetzt kannst du alleine rechnen

1.

3 · 120 kg = 360 kg; 5 ·100 kg = 500 kg; 360 kg + 500 kg = 860 kg
1000 kg – 860 kg = 140 kg; 140 kg : 70 kg = 2; also 2 Kisten
Es können noch 2 Kisten mit je 70 kg verladen werden.

2.

1,05 € · 35 = 36,75 €; 4,50 € · 2 = 9 €;
36,75 € + 9 € = 45,75 €
100 € – 45,75 € = 54,25 €; Herr Huber erhält 54,25 € zurück.

3.

Supermarkt:
8,70 € · 3 + 14,20 € · 2 + 18,20 € · 4 = 127,30 €
Verbrauchermarkt:
7,90 € · 3 + 14,50 € · 2 + 18,50 € · 4 = 126,70 €
Im Verbrauchermarkt kauft man günstiger ein.

4.

Für 20 € erhält man 24 l
Für 1 € erhält man 24 l : 20 = 1,2 l
Für 30 € erhält man 1,2 l · 30 = 36 l

5.

großer Karton enthält: 30 Radiergummis

kleiner Karton enthält: 30 Radiergummis : 3 = 10 Radiergummis

Anzahl großer Kartons: 12

Anzahl kleiner Kartons: $12 \cdot 2 = 24$

Gesamtzahl der Radiergummis:

30 Radiergummis · 12 + 10 Radiergummis · 24 = 600 Radiergummis

Es wurden 600 Radiergummis verpackt.

4 Textaufgaben mit Zeitangaben

Stunden – Minuten – Sekunden

1.

a) 240 min; 420 min; 720 min; 1200 min; 480 min; 1800 min

b) 180 s; 1200 s; 600 s; 480 s; 2400 s; 420 s

c) 6 min; 10 min; 2 min; 7 min; 30 min; 40 min

d) 4 h; 2 h; 7 h; 10 h; 20 h; 1 h

2.

a)

Stunden	Minuten
$\frac{1}{4}$ h	15 min
$\frac{3}{4}$ h	45 min
$2\frac{1}{2}$ h	150 min
$3\frac{3}{4}$ h	225 min

b)

Minuten	Sekunden
$1\frac{1}{4}$ min	75 s
$3\frac{1}{2}$ min	210 s
$4\frac{3}{4}$ min	285 s
$5\frac{1}{2}$ min	330 s

c)

Stunden	Minuten
$7\frac{1}{4}$ h	435 min
$10\frac{3}{4}$ h	645 min
$4\frac{1}{2}$ h	270 min
$8\frac{3}{4}$ h	525 min

3.

a) 280 min
310 min
725 min

b) 220 s
608 s
565 s

4.

a) 2 min 30 s
4 min 20 s

b) 1 h 45 min
2 h 40 min

Rechnen mit Zeitspannen

1.

a) 6 h 10 min
6 h 12 min
4 h 24 min
8 h

b) 8 min 15 s
4 min 10 s
16 min 10 s
16 min 35 s

c) 3 h 45 min
1 h 40 min
55 min
2 h 30 min

d) 1 min 52 s
53 s
4 min 36 s
2 min 49 s

2.

a) 16 h 15 min
13 h
9 h 36 min
17 h

b) 7 min 12 s
48 min 30 s
7 min 10 s
4 min 48 s

c) 2 h 52 min
39 min
2 h 55 min
2 h 20 min

d) 2 min 48 s
34 s
57 s
5 min 47 s

3.

1 h 35 min + 1 h 40 min = 3 h 15 min
Henning hat insgesamt 3 h 15 min ferngesehen.

4.

3 h 10 min – 1 h 45 min = 1 h 25 min
Es sind dann noch 1 h 25 min auf dem Videoband frei.

5.

4 h 15 min : 3 = 1 h 25 min
Jede Sendung ist 1 h 25 min lang.

Zeitpunkte – Zeitspannen

1.

a) 10.20 Uhr; 11.15 Uhr; 12 Uhr; 14.15 Uhr

b) 13.22 Uhr; 14.52 Uhr; 17.02 Uhr; 19.57 Uhr

2.

a) Bei einer Uhr, die vorgeht, muss man „zurückrechnen“:
8 h 17 min – 38 min = 7 h 39 min → 7.39 Uhr
8.27 Uhr; 14.42 Uhr

b) Diese Uhr geht zu langsam, du musst daher die 43 min addieren.
11 h 57 min + 43 min = 12 h 40 min → 12.40 Uhr
20.18 Uhr; 22.29 Uhr

3.

12.13 Uhr; 12.58 Uhr; 13.28 Uhr

4.

13.03 Uhr; 18.26 Uhr; 00.23 Uhr; 1.15 Uhr

5.

a) 1 h 47 min b) 3 h 40 min

6.

a) 1. Januar: 8 h 25 min; 1. Juni: 16 h 29 min

b) Am 1. Juni ist die Sonne 4 h 14 min früher aufgegangen als am 1. Januar.
Am 1. Juni ist die Sonne 3 h 50 min später untergegangen als am 1. Januar.

7.

8.05 Uhr; 8.40 Uhr; 10.55 Uhr; 11.45 Uhr; 12.30 Uhr

8.

Arbeitsbeginn	7.15 Uhr	9.55 Uhr	12.50 Uhr	15.15 Uhr
Arbeitsende	9.10 Uhr	11.10 Uhr	15.00 Uhr	17.05 Uhr
Arbeitszeit	1 h 55 min	1 h 15 min	2 h 10 min	1 h 50 min

Tage – Wochen – Monate – Jahre

1.

a)

Tage	Stunden
	168 h
	240 h
2 d	

b)

Tage	Stunden
	6 h
	18 h
	60 h

c)

Wochen	Tage
	42 d
	70 d
2 Wch.	

2.

a)

Jahre	Monate
	60 Mon.
5 J.	
	120 Mon.

b)

Jahre	Monate
	3 Mon.
	9 Mon.
	18 Mon.

c)

Tage	Wochen
	11 Wch.
	20 Wch.
42 d	

3.

a) 74 h
164 h
172 h

b) 2 d 22 h
5 d 10 h
1 d 6 h

c) 31 d
51 d
76 d

d) 2 Wch. 6 d
12 Wch. 1 d
8 Wch. 4 d

e) 41 Mon.
85 Mon.
34 Mon.

f) 1 J. 8 Mon.
3 J. 9 Mon.
5 J. 10 Mon.

4.

5 Wch. 6 d + 2 Wch. 3 d = 8 Wch. 2 d

Es sind 8 Wch. 2 d Ferien.

5.

1 Wch. 3 d + 2 Wch. 4 d + 5 d = 4 Wch. 5 d

Er macht 4 Wch. 5 d Urlaub.

6.

6 Wch. – 2 Wch. 3 d – 1 Wch. 6 d = 1 Wch. 5 d

Es bleiben noch 1 Wch. 5 d Urlaub übrig.

7.

6 Wch. 3 d – 1 Wch. 6 d – 2 Wch. 3 d – 1 Wch. 1 d = 7 d

Es bleiben 7 Tage für die Markierungsarbeiten übrig.

8.

a) 23 Tage b) 17 Tage c) 11 Tage

d) 8 Tage e) 25 Tage f) 15 Tage

9.

a)

Jan.	Febr.	März	April	Mai	Juni	Juli	Aug.	Sept.	Okt.	Nov.	Dez.
31	28/29	31	30	31	30	31	31	30	31	30	31

b) 24 Tage 23 Tage
15 Tage 40 Tage
35 Tage 13 Tage

10.

a) 5 Tage + 18 Tage = 23 Tage dauert die Kur.

b) 18 + 5 = 23; Am 23. Juni kommt Frau Köhler zurück.

11.

3 Wochen = 21 Tage dauert der Urlaub.

1. Urlaubsbeginn 18. Juni: Im Juni werden 30 Tage – 18 Tage = 12 Tage;
12 Tage + 1 Tag = 13 Tage Urlaub gemacht.
Es bleiben 21 Tage – 13 Tage = 8 Tage im Juli.
Der Urlaub geht also am 8. Juli zu Ende.
2. Urlaubsbeginn 25. Juni: 30 – 25 = 5; 5 + 1 = 6; 21 – 6 = 15
Der Urlaub dauert bis zum 15. Juli.

Zeit und Geschwindigkeit

1.

a) 36 km/h b) 75 km/h c) 15 km/h d) 120 km/h

2.

a) in $\frac{1}{4}$ h → 5 km
in 1 h → 5 km · 4 = 20 km
also: 20 km/h Durchschnittsgeschwindigkeit

b) in $\frac{1}{2}$ h → 11 km
in 1 h → 11 km · 2 = 22 km
also: 22 km/h

c) Motorrad: 28 km · 4 = 112 km → 112 km/h
Auto: 55 km · 2 = 110 km → 110 km/h
Das Motorrad fuhr schneller!

3.

a) in 20 min → 60 km
in 1 min → 3 km
in 1 h → 180 km
also 180 km/h

b) 120 km/h c) 180 km/h d) 240 km/h

4.

in 1 h → 16 km

a) in 2 h → 16 km · 2 = 32 km b) 80 km

c) in $\frac{1}{2}$ h → 16 km : 2 = 8 km d) 4 km

e) in 1 h + $\frac{1}{2}$ h → 16 km + 8 km = 24 km f) 36 km

5.

a) 330 : 110 = 3; also 3 h b) 3 h c) 4 h d) 6 h

6.

a) für 20 km → 1 h
für 160 km → 160 : 20 = 8; also 8 h
Er ist <u>8 Stunden</u> unterwegs.

b) in 2 h → 160 km
in 1 h → 160 km : 2 = 80 km; also 80 km/h
Es fährt <u>80 km/h</u>.

5 Textaufgaben mit Flächen- und Rauminhaltsberechnungen

Flächeneinheiten

1.

a) 10 000 cm^2
100 dm^2
1 000 000 mm^2

b) 100 m^2
10 000 dm^2
1 000 000 cm^2

c) 1 000 000 m^2
10 000 m^2
100 m^2

2.

a) 170 000 cm^2
1 200 000 cm^2

b) 700 m^2
900 m^2
1500 m^2

c) 30 000 m^2
80 000 m^2
200 000 m^2

d) 12 m^2
5 m^2

e) 6 cm^2
8 cm^2
15 cm^2

f) 9 ha
80 ha
250 ha

3.

a) 5 cm^2 60 mm^2
15 a 15 m^2

b) 3 km^2 70 ha
15 m^2 8 dm^2
4 dm^2 60 cm^2

c) 37 cm^2 25 mm^2
4 dm^2 75 cm^2
7 a 10 m^2

d) 3 ha 52 a
73 km^2 1 ha
12 ha 43 a

4.

a) 72,25 km^2
8,17 m^2
1,75 dm^2
34,12 cm^2

b) 9,30 a
17,05 ha
22,15 m^2
6,01 dm^2

5.

a) 9 dm^2 8 cm^2
35 cm^2 30 mm^2
4 a 25 m^2

b) 93 dm^2 37 cm^2
5 m^2 3 dm^2
19 cm^2 21 mm^2
7 km^2 31 ha

6.

a) $512\ cm^2 + 1752\ cm^2 + 300\ cm^2 = 2564\ cm^2$

b) $1125\ dm^2$ c) $2650\ dm^2$ d) $2775\ dm^2$

e) 3157 a f) $6488\ m^2$

Flächenberechnungen

1.

a) $A = 60\ m^2$
$U = 34\ m$

b) $A = 315\ cm^2 = 3{,}15\ dm^2$
$U = 104\ cm$

c) $A = 175\ dm^2 = 1{,}75\ m^2$
$U = 80\ dm = 8\ m$

2.

$A = a \cdot a = a^2$
$U = a + a + a + a = 4a$

3.

a) $A = 144\ cm^2$
$U = 48\ cm$

b) $A = 8{,}75\ cm^2$
$U = 12\ cm$

c) $A = 14{,}44\ m^2$
$U = 15{,}20\ m$

d) $A = 180\ cm^2$
$U = 64{,}4\ cm$

4.

a) 1) $2700\ m^2 = 90\ m \cdot b$
$b = 2700\ m^2 : 90\ m$
$b = 30\ m$

2) $b = 23\ m$

3) $2940\ m^2 = a \cdot 70\ m$
$a = 2940\ m^2 : 70\ m$
$a = 42\ m$

4) $a = 24\ m$

b) 1) $U = 2\ a + 2\ b$
$U = 2 \cdot 90\ m + 2 \cdot 30\ m$
$\underline{\underline{U = 240\ m}}$

2) $U = 86\ m$
3) $U = 224\ m$
4) $U = 128\ m$

5.

a) $A = a \cdot b$

$1240\ m^2 = 40 \cdot b$

$b = 1240\ m^2 : 40\ m$

$b = 31\ m$

Die andere Seite ist 31 m lang.

b) $U = 2\ a + 2\ b$

$U = 2 \cdot 40 m + 2 \cdot 31\ m$

$U = 142\ m$

Der Zaun wird 142 m lang.

6.

a) 1) $U = 2\ a + 2\ b$

$240\ m = 2 \cdot 50\ m + 2 \cdot b$

$2\ b = 240\ m - 100\ m = 140\ m$

$b = 140\ m : 2$

$b = 70\ m$

2) $b = 30\ m$

3) $360\ m = 2\ a + 2 \cdot 150\ m$

$2\ a = 360\ m - 300\ m = 60\ m$

$a = 30\ m$

4) $b = 240\ m$

b) 1) $A = a \cdot b$

$A = 50\ m \cdot 70\ m$

$A = 3500\ m^2$

2) $A = 2100\ m^2$

3) $A = 4500\ m^2$

4) $A = 96\,000\ m^2$

7.

a)

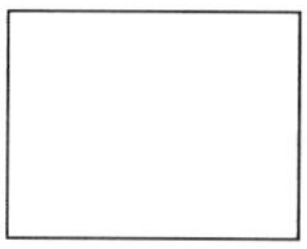

$U = 2\ a + 2\ b$

$160\ m = 2 \cdot 30\ m + 2 \cdot b$

$2\ b = 160\ m - 60\ m = 100\ m$

$b = 50\ m$

Die zweite Seite ist 50 m lang.

b) $A = a \cdot b$

$A = 30\ m \cdot 50\ m = 1500\ m^2$

c) $U = 160\ m$

$a = 25\ m$

$160\ m = 2 \cdot 25 + 2 \cdot b$

$2\ b = 110\ m$

$b = 55\ m$

Die andere Seite ist 55 m lang.

d) $A = 25\ m \cdot 55\ m$

$A = 1375\ m^2$

e)

b	50 m	55 m	60 m	40 m
A	1500 m^2	1375 m^2	1200 m^2	1600 m^2

f) Der größte Flächeninhalt gehört zur Seitenlänge a = 40 m. Es ergibt sich ein Quadrat.

8.

a			80 dm		35 cm
b		14 m		15 cm	
A	735 m^2			300 cm^2	1400 cm^2
U	112 m	88 m	260 dm		

9.

a) U = 280 cm
b = 80 cm

280 cm = 2 a + 2 · 80 cm
2 a = 120 cm
a = 60 cm
Das Bild ist 60 cm lang.

b) A = 8400 cm^2
a = 120 cm

8400 cm^2 = 120 cm · b
b = 70 cm
Die andere Seite ist 70 cm lang.

Raumeinheiten

1.

a) 1000 cm^3
1000 mm^3
1000 dm^3

b) 1 l
1000 l
1000 ml

c) 1 ml
1000 ml
1 cm^3

2.

a) 12 000 dm^3
30 000 dm^3

b) 4000 l
15 000 l
40 000 l

c) 45 000 cm^3
7 l
150 000 cm^3

d) 6 dm^3
19 dm^3
8 l

e) 14 cm^3
3 cm^3
20 cm^3

f) 8000 ml
12 000 ml
3 dm^3

3.

a) 19 dm^3 200 cm^3
8 dm^3 70 cm^3
5 cm^3 175 mm^3

b) 3 l 725 ml
4 m^3 500 dm^3
1 dm^3 750 cm^3
18 l 5 ml

4.

a) $8{,}155\ m^3$
$16{,}050\ dm^3$
$7{,}430\ cm^3$
$3{,}012\ l$

b) $10{,}375\ m^3$
$4{,}005\ dm^3$
$14{,}030\ l$
$6{,}145\ cm^3$

5.

a) $145\ dm^3$
$12\ m^3\ 50\ dm^3$
8 l 725 ml

b) $8\ dm^3\ 210\ cm^3$
$700\ cm^3$
$35\ cm^3\ 5\ mm^3$
$750\ mm^3$

6.

a) $8150\ dm^3 + 6750\ dm^3 + 19\,000\ dm^3 = 33\,900\ dm^3$
b) $4020\ dm^3$
c) $23\,455\ cm^3$
d) 3782 ml

Berechnen von Rauminhalten und Oberflächen

1.

a) $V = 120\ dm^3$; $O = 158\ dm^2$
b) $V = 216\ cm^3$; $O = 252\ cm^2$

2.

a) $a = 30\ dm$
$V = 1800\ dm^3 = 1{,}8\ m^3$
$O = 1140\ dm^2$

b) $a = 120\ cm$
$V = 24\,000\ cm^3 = 24\ dm^3$
$O = 8320\ cm^2$

3.

$V = a \cdot a \cdot a = a^3$; $O = 2a^2 + 2a^2 + 2a^2 = 6a^2$

4.

a) $V = 1728\ m^3$
$O = 864\ m^2$

b) $a = 35\ dm$
$V = 2100\ dm^3$
$O = 1310\ dm^2$

c) $c = 9\ cm$
$V = 432\ cm^3$
$O = 384\ cm^2$

d) $V = 42{,}875\ dm^3$
$O = 73{,}5\ dm^2$

5.

a) $a = 12\,dm$ $\quad$ $V = a \cdot b \cdot c$

$b = 6\,dm$ $\quad$ $360\,dm^3 = 12\,dm \cdot 6\,dm \cdot c$

$V = 360\,dm^3$ $\quad$ $360\,dm^3 : 72\,dm^2 = c$

$\underline{\underline{c = 5\,dm}}$

b) $a = 9\,dm$ $\quad$ $V = 9\,dm \cdot 5\,dm \cdot 6\,dm$

$b = 5\,dm$ $\quad$ $\underline{\underline{V = 270\,dm^3}}$

$c = 6\,dm$

Nein, in Julias Aquarium passen nur 270 l Wasser.

6.

a)

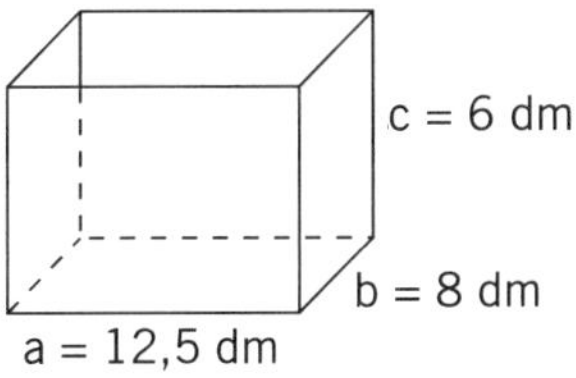

200 l = 200 dm³

$V = a \cdot b \cdot c$

$200\,dm^3 = 12{,}5\,dm \cdot 5\,dm \cdot c_1$

$c_1 = 200\,dm^3 : 100\,dm^2$

$c_1 = 2\,dm$

$c_2 = 3\,dm$

$c_3 = 4\,dm$

Die Angabe der Höhe des Aquariums ist überflüssig zur Berechnung der Wasserstände.

Henning muss seine Skala bei 2 dm, 3 dm und 4 dm anbringen.

b) $V = 12{,}5\,dm \cdot 8\,dm \cdot 6\,dm$

$V = 600\,dm^3 = 600\,l$

Es passen bei voller Füllung 600 l in das Aquarium.

7.

a					20 cm
b					
c		3 m		2 cm	
V	$16\,000\,dm^3 = 16\,m^3$		$1200\,cm^3$		
O	$7600\,dm^2 = 76\,m^2$	$108\,m^2$	$896\,cm^2$	$532\,cm^2$	$800\,cm^2$

Vermischte Aufgaben mit Lösungsplan 3

Beispiel: 6. Rechnung:

a) $A = 12{,}5\ \text{m} \cdot 8\ \text{m} + 2 \cdot 12{,}5\ \text{m} \cdot 3\ \text{m} + 2 \cdot 8\ \text{m} \cdot 3\ \text{m}$
$A = 223\ \text{m}^2$

b) Preis: $223 \cdot 8\ € = 1784\ €$

7. $O = 323\ \text{m}^2$
$A = 323\ \text{m}^2 - 12{,}5\ \text{m} \cdot 8\ \text{m}$
$A = 223\ \text{m}^2$
$1784\ € : 223 = 8\ €$

8. Der Anstrich kostet 1784 €.

1.

Lösungsgang wie im Beispiel!

6. Rechnung: $A = 25\ \text{m} \cdot 10\ \text{m} + 2 \cdot 25\ \text{m} \cdot 2{,}50\ \text{m} + 2 \cdot 10\ \text{m} \cdot 2{,}50\ \text{m}$
$A = 425\ \text{m}^2$ Preis: $425 \cdot 30\ € = 12750\ €$

2.

2. Ein Quader aus Blech soll hergestellt werden.
3. Gesucht: Oberfläche des Quaders
4. Gegeben: s. Skizze
5. $O = 2 \cdot a \cdot b + 2 \cdot a \cdot c + 2 \cdot b \cdot c$
6. $O = 23{,}5\ \text{m}^3$
8. Man benötigt $23{,}5\ \text{m}^3$ Blech.

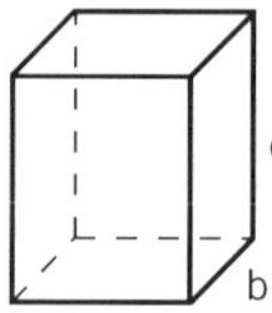

3.

3. Gesucht: Anzahl der Lkw-Ladungen
4. Gegeben: $a = 15\ \text{m}$
1 Lkw fasst $6\ \text{m}^3$ Erde.
$b = 8\ \text{m}$
$c = 2\ \text{m}$
5. Lösungsweg: a) Volumen der Baugrube: $V = a \cdot b \cdot c$
b) Anzahl der Lkw-Ladungen: Volumen der Baugrube durch 6
6. Rechnung: $V = 240\ \text{m}^3$
Anzahl der Lkw: $240 : 6 = 40$
7. Kontrolle: Volumen eines Lkw · Anzahl der Lkw = Volumen der Baugrube
$6\ \text{m}^3 \cdot 40 = 240\ \text{m}^3$
8. Antwort: Es sind 40 Lastwagenladungen nötig.

4.

5. a) $O = 2 \cdot 15\text{ dm} \cdot 8\text{ dm} + 2 \cdot 15\text{ dm} \cdot 5\text{ dm} + 2 \cdot 8\text{ dm} \cdot 5\text{ dm}$

$O = 470\text{ dm}^2 = 4{,}7\text{ m}^2$

b) $4{,}7 \cdot 8\ € = 37{,}60\ €$. Die Kiste kostet 37,60 €.

5.

Gesucht: a

Gegeben: b;

$A = 1000\text{ m}^2$

Rechnung: $a = 1000\text{ m}^2 : 40\text{ m}$

$a = 25\text{ m}$

Das Grundstück ist 25 m lang.

6.

Gesucht: Länge der Seite b

Größe der Weidefläche A

Gegeben:

$a = 50\text{ m}$

$U = 300\text{ m}$

Rechnung: $U = 2\,a + 2\,b$

$2\,b = 300\text{ m} - 2 \cdot 50\text{ m} = 200\text{ m}$

$b = 100\text{ m}$

$A = 50\text{ m} \cdot 100\text{ m}$

$A = 5000\text{ m}^2$

Die Weide ist 5000 m^2 groß.

7.

Beachte, das Schwimmbad soll nur bis zu einer Höhe von 2,50 m gefüllt werden. Daher ergibt sich das Volumen:

$V = 25\text{ m} \cdot 10\text{ m} \cdot 2{,}50\text{ m}$

$V = 625\text{ m}^3$

Eine Füllung kostet: $625 \cdot 3{,}50\ € = 2187{,}50\ €$.

8.

$V = 15\text{ dm} \cdot 15\text{ dm} \cdot 15\text{ dm}$

$V = 3375\text{ dm}^3$ Die Füllung kostet: $3375 \cdot 0{,}37\ € = 1248{,}75\ €$.

9.

$V = 4\text{ m} \cdot 4\text{ m} \cdot 5\text{ m}$

$V = 80\text{ m}^3$ Der Sockel wiegt $80 \cdot 2{,}8\text{ t} = 224\text{ t}$.

10.

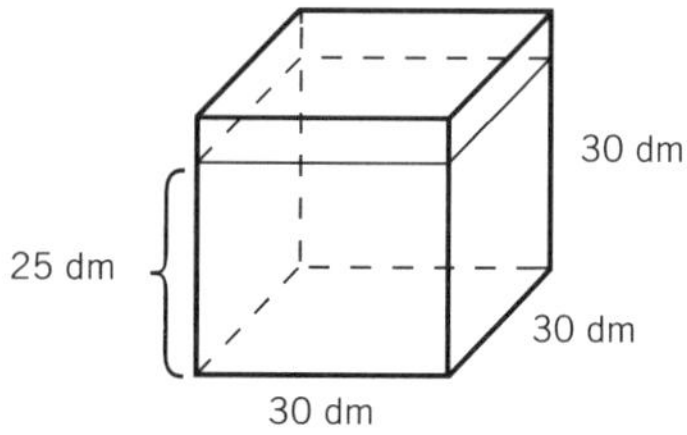

V = 25 dm · 30 dm · 30 dm

V = 22 500 dm^3

Da 1 dm^3 Wasser 1 kg wiegt, ergibt sich als Gesamtgewicht 22 500 kg.

11.

Gesucht: Länge der Seite c

Gegeben: a = 2,50 m = 25 dm
b = 8 dm
V = 1000 l = 1000 dm^3

Rechnung: Grundschicht: 25 dm^3 · 8 = 200 dm^3
1000 dm^3 : 200 dm^3 = 5
c = 5 dm

Das Becken muss mindestens 5 dm hoch sein.

12.

Gesucht: Höhe der Erde

Gegeben: a = 10 dm; b = 5 dm; c = 4 dm
Erdmenge im Blumenkasten: V = 80 l = 80 dm^3

Lösungsweg: Die Angabe der Höhe c des Blumenbeetes ist für die Lösung der Aufgabe überflüssig.
Grundschicht: 10 dm^3 · 5 = 50 dm^3
80 dm^3 : 50 dm^3 = 1,6
Die Erde steht also 1,6 dm hoch.

Lösungsplan 1

1. **Lies** die ganze Aufgabe gründlich durch.
2. Was ist **gesucht**?
3. Was ist **gegeben**?
   Welche Angaben im Aufgabentext sind also für das Lösen der Aufgabe wichtig? Notiere sie in Kurzform.
4. Prüfe den Aufgabentext daraufhin, ob bestimmte Ausdrücke (**Signalwörter**) auf eine bestimmte Rechenart hinweisen.
5. **Löse** jetzt die entsprechende Aufgabe.
6. **Kontrolliere** das Ergebnis.
7. Schreibe einen **Antwortsatz**.

Lösungsplan 2

1. **Lies** die ganze Aufgabe gründlich durch.
2. **Welcher Sachverhalt** wird in der Aufgabe dargestellt? **Wovon** handelt also die Aufgabe? Beschreibe den Sachverhalt mit eigenen Worten.
3. Was ist **gesucht?**
4. Was ist **gegeben?**
   Welche Angaben im Aufgabentext sind also für das Lösen der Aufgabe wichtig? Notiere sie in Kurzform.
5. Überlege dir den **Lösungsweg**. Falls du dabei Schwierigkeiten hast, prüfe, ob dich diese Lösungshilfen weiterbringen:
   a) Zerlege die Aufgabe in **Teilaufgaben**, unterstreiche die dafür wichtigen Angaben im Aufgabentext.
   b) Lege eine **Skizze** an.
   c) Arbeite mit einer **Tabelle**.
   d) Erinnerst du dich an eine ähnliche, schon gelöste Aufgabe?
6. Führe die **Rechnung** aus.
7. **Kontrolliere** das Ergebnis.
8. Schreibe einen **Antwortsatz**.

Lösungsplan 3

1. **Lies** die ganze Aufgabe gründlich durch.
2. Welcher **Sachverhalt** wird in der Aufgabe dargestellt? **Wovon** handelt also die Aufgabe?
3. Was ist **gesucht**?
4. Was ist **gegeben**?
   Fertige eine **Zeichnung** an und trage die gegebenen Größen ein. Wandle die gegebenen Größen in die gleichen Einheiten um, also alle Längen entweder in m oder dm oder cm.
5. Überlege dir den **Lösungsweg**:
   a) Du musst herausfinden, ob du mit dem **Umfang einer Fläche**, mit dem **Flächeninhalt** oder mit dem **Rauminhalt** arbeiten musst.
   b) Notiere dir die jeweils notwendigen Formeln.
6. Führe die **Rechnung** aus.
7. **Kontrolliere** das Ergebnis.
8. Schreibe einen **Antwortsatz**.

Hans Bergmann / Karola Bergmann / Uwe Bergmann

Mathematik

Textaufgaben

7./8. Schuljahr

Inhalt

1 So wird mit Brüchen und Dezimalbrüchen gerechnet

Addieren und Subtrahieren

So erweiterst und kürzt du Brüche:

Brüche:	**Dezimalbrüche:**
$\frac{3}{4} = \frac{3 \cdot 5}{4 \cdot 5} = \frac{15}{20}$	2,25 = 2,250
$\frac{15}{20} = \frac{15 : 5}{20 : 5} = \frac{3}{4}$	2,250 = 2,25
Erweitern: Zähler und Nenner mit der gleichen Zahl malnehmen.	Nullen anhängen
Kürzen: Zähler und Nenner durch die gleiche Zahl teilen.	Endnullen streichen

So addierst und subtrahierst du Brüche und Dezimalbrüche:

Brüche:

$\frac{3}{4} + \frac{2}{5} = \frac{15}{20} + \frac{8}{20} = \frac{23}{20} = 1\frac{3}{20}$

$\frac{5}{6} - \frac{3}{4} = \frac{10}{12} - \frac{9}{12} = \frac{1}{12}$

1. Hauptnenner suchen.
2. Brüche auf den gleichen Nenner bringen (gleichnamig machen).
3. Zähler addieren bzw. subtrahieren, Nenner beibehalten.

Dezimalbrüche:

18,3 − 0,302

$$\begin{array}{r} 18{,}300 \\ -\ 0{,}302 \\ \hline 17{,}998 \end{array}$$

1. Dezimalbrüche Komma unter Komma schreiben.
2. Falls notwendig, Nullen anhängen.
3. Addieren bzw. subtrahieren.

1.

Erweitere jeden Bruch mit 5:

$\frac{2}{5}$; $\frac{8}{9}$; $\frac{1}{3}$; $\frac{3}{10}$; $\frac{5}{100}$; $\frac{9}{20}$; $\frac{7}{40}$

2.

Erweitere jeden Bruch auf den Hauptnenner 120:

$\frac{3}{4} = \frac{}{120}$; $\frac{5}{8}$; $\frac{7}{10}$; $\frac{3}{40}$; $\frac{11}{12}$; $\frac{1}{6}$; $\frac{11}{30}$

3.

Kürze: $\frac{8}{12}$; $\frac{15}{60}$; $\frac{28}{49}$; $\frac{81}{90}$; $\frac{6}{10}$; $\frac{75}{100}$; $\frac{300}{1000}$

4.

Welche Dezimalbrüche sind gleich groß?

Beispiel: 0,4100 = 0,41

2,01; 71,0050; 0,300; 0,010; 2,0100; 0,3; 71,005; 0,01

5.

$\frac{4}{5} + \frac{1}{4}$; $\frac{4}{7} + \frac{3}{8}$; $\frac{2}{9} + \frac{5}{6}$; $\frac{8}{9} + \frac{3}{10}$; $\frac{2}{3} + \frac{5}{6}$; $\frac{3}{20} + \frac{7}{10}$

6.

$\frac{2}{3} - \frac{1}{5}$; $\frac{4}{9} - \frac{2}{5}$; $\frac{3}{4} - \frac{2}{3}$; $\frac{6}{7} - \frac{3}{10}$; $\frac{5}{11} - \frac{3}{10}$; $\frac{5}{6} - \frac{3}{20}$

7.

Verwandle die gemischten Zahlen in Brüche:

Beispiel: $2\frac{3}{4} = 2 + \frac{3}{4} = \frac{8}{4} + \frac{3}{4} = \frac{11}{4}$

$7\frac{1}{2}$; $5\frac{5}{6}$; $9\frac{1}{4}$; $8\frac{2}{5}$; $6\frac{3}{10}$; $7\frac{9}{20}$; $2\frac{3}{100}$

8.

Diese Brüche lassen sich als gemischte Zahlen schreiben:

Beispiel: $\frac{35}{4}$ = 35 : 4 = 8 Rest 3 = $8\frac{3}{4}$

$\frac{47}{8}$; $\frac{39}{5}$; $\frac{15}{4}$; $\frac{17}{3}$; $\frac{35}{10}$; $\frac{47}{9}$; $\frac{69}{11}$

9.

Du rechnest meist am günstigsten, wenn du die gemischten Zahlen in Brüche verwandelst. Schreibe die Ergebnisse, falls möglich, wieder als gemischte Zahlen.

$2\frac{3}{4} + 4\frac{1}{2}$; $5\frac{2}{3} - 3\frac{1}{2}$; $6\frac{1}{5} - 3\frac{3}{4}$; $1\frac{2}{3} + 3\frac{5}{6}$; $7\frac{1}{2} - 4\frac{3}{10}$

Multiplizieren und Dividieren

So multiplizierst und dividierst du Brüche und Dezimalbrüche:

Brüche multiplizieren:

$$\frac{3}{4} \cdot \frac{5}{7} = \frac{3 \cdot 5}{4 \cdot 7} = \frac{15}{28}$$

Zähler mal Zähler
durch
Nenner mal Nenner

Dezimalbrüche multiplizieren:

1 Stelle 4 Stellen

$$\begin{array}{r} 1{,}\overrightarrow{2} \cdot 0{,}\overrightarrow{0345} \\ \hline 36 \\ 48 \\ 60 \\ \hline 0{,}\overleftarrow{04140} \end{array}$$

1 + 4 Stellen

Multiplizieren mit ganzen Zahlen (ohne Komma). Im Ergebnis so viele Stellen von hinten abstreichen, wie beide Faktoren zusammen nach dem Komma besitzen.

Brüche dividieren:

$$\frac{3}{4} : \frac{5}{7} = \frac{3}{4} \cdot \frac{7}{5} = \frac{3 \cdot 7}{4 \cdot 5}$$

$$= \frac{21}{20} = 1\frac{1}{20}$$

Ersten Bruch mit dem Kehrwert des zweiten Bruches malnehmen.

Dezimalbrüche dividieren:

4 Stellen 3 Stellen

$$0{,}\overrightarrow{8125} : 0{,}\overrightarrow{325}$$

$$\begin{array}{l} \overrightarrow{812}{,}5 : \overrightarrow{325} = 2{,}5 \\ \underline{650} \\ 1625 \\ \underline{1625} \\ \quad 0 \end{array}$$

Es muss durch eine ganze Zahl geteilt werden. Daher das Komma der **beiden** Zahlen so weit nach rechts verschieben, bis die zweite Zahl kein Komma mehr hat, also eine ganze Zahl ist.

Beispiel

Bei vielen Divisionsaufgaben geht das Teilen nicht auf. Das Ergebnis wird dann meist gerundet.

0,217 : 0,12	Runden auf 2 Stellen nach dem Komma:
21,7 : 12 = 1,808...	Auf 3 Stellen ausrechnen, dann aufrunden
12	ab Ziffer 5.
97	Also: 0,217 : 0,12 ≈ 1,81
96	Runden auf 1 Stelle nach dem Komma:
100	Auf 2 Stellen ausrechnen, dann abrunden.
96	Also: 0,217 : 0,12 ≈ 1,8
4	

1.

a) $\frac{2}{3} \cdot \frac{4}{5}$; $\frac{6}{7} \cdot \frac{2}{5}$; $\frac{4}{5} \cdot \frac{3}{5}$; $\frac{6}{11} \cdot \frac{7}{9}$;

b) $\frac{3}{5} : \frac{4}{7}$; $\frac{2}{9} : \frac{2}{3}$; $\frac{3}{4} : \frac{1}{3}$; $\frac{2}{9} : \frac{8}{9}$;

2.

Gemischte Zahlen in Brüche verwandeln.

$1\frac{1}{2} \cdot 2\frac{3}{4}$; $3\frac{1}{3} : 2\frac{1}{2}$; $1\frac{3}{4} \cdot \frac{4}{5}$; $\frac{7}{9} : 1\frac{1}{2}$

$6\frac{2}{3} \cdot 1\frac{1}{2}$; $2\frac{1}{4} \cdot 2\frac{2}{9}$; $\frac{3}{4} \cdot 2\frac{1}{2}$; $2\frac{1}{4} : \frac{3}{4}$

3.

Diese Aufgaben lassen sich auf die allgemeinen Regeln für das Dividieren und Multiplizieren von Brüchen zurückführen, wenn du die ganzen Zahlen durch Scheinbrüche wie $4 = \frac{4}{1}$ ersetzt.

Beispiel: $4 : 2\frac{1}{2} = \frac{4}{1} : \frac{5}{2} = \frac{4}{1} \cdot \frac{2}{5} = \frac{8}{5} = 1\frac{3}{5}$

$3 : 2\frac{3}{4}$; $5\frac{1}{2} \cdot 7$; $3\frac{1}{2} : 7$; $5 : \frac{1}{2}$;

$\frac{3}{4} \cdot 2\frac{1}{5}$; $5 : 1\frac{3}{4}$; $6\frac{1}{2} : 7$; $4 \cdot 1\frac{2}{7}$;

4.

2,17 · 0,081; 17,2 · 0,35; 0,027 · 0,048

8,45 : 0,013; 0,6285 : 125; 78,4 : 0,014

5.

Runde die Ergebnisse der folgenden Aufgaben auf 2 Stellen nach dem Komma.

17,1 : 3,05; 0,81 : 0,042; 24,1 : 3,2

4,02 : 2,7; 12,05 : 0,73; 0,184 : 2,31

Umwandeln von Brüchen

So wandelst du Brüche und Dezimalbrüche um:

Brüche → Dezimalbrüche

$\frac{7}{20} = 7 : 20 = 0{,}35$

Zähler durch Nenner dividieren; Dezimalbruch notfalls runden.

Dezimalbrüche → Brüche

$0{,}35 = \frac{35}{100} = \frac{7}{20}$

Dezimalbruch in Zehntel, Hundertstel, Tausendstel usw. umschreiben und kürzen.

1.
Verwandle in Dezimalbrüche auf 3 Stellen nach dem Komma (notfalls runden).

$\frac{5}{6}$; $\frac{7}{8}$; $\frac{3}{4}$; $\frac{8}{11}$; $\frac{5}{12}$; $\frac{9}{25}$; $\frac{7}{30}$

2.
Welche Dezimalbrüche (2 Stellen nach dem Komma) ergeben sich hier? Wandle die gemischten Zahlen in Brüche um.

$2\frac{2}{3}$; $3\frac{1}{2}$; $4\frac{3}{4}$; $7\frac{5}{6}$; $8\frac{3}{5}$; $1\frac{4}{7}$; $2\frac{17}{20}$

3.
Schreibe als Brüche:
0,375; 0,82; 0,75; 0,125; 0,3; 0,025; 0,004

4.
Wandle diese Dezimalbrüche so um:

Beispiel: $3{,}75 = 3\frac{75}{100} = 3\frac{3}{4}$

1,15; 2,055; 3,125; 4,5; 3,05; 2,005; 7,8

Vermischte Aufgaben zur Bruchrechnung

1.

Kürze die Ergebnisse, wenn möglich:

$\frac{2}{3} + \frac{4}{5} =$ ______ $\frac{7}{9} + \frac{3}{4} =$ ______ $\frac{5}{6} - \frac{2}{3} =$ ______ $\frac{6}{7} - \frac{1}{3} =$ ______

$2\frac{3}{4} + \frac{4}{5} =$ ______ $3\frac{1}{2} + 2\frac{3}{4} =$ ______ $4\frac{1}{2} - \frac{5}{6} =$ ______ $5\frac{2}{3} - 2\frac{1}{2} =$ ______

2.

a) Nimm jeweils $\frac{2}{3}$ von $2\frac{1}{2}$ kg, $4\frac{3}{4}$ kg, $1\frac{4}{5}$ kg

______ ______ ______

b) Rechne um:

$\frac{3}{4}$ h = ______ min $\frac{2}{3}$ h = ______ $\frac{2}{3}$ Tag = ______ h $\frac{3}{4}$ Tag = ______

3.

Ein Lastwagen hat ein Ladegewicht von $8\frac{1}{2}$ t. $3\frac{2}{3}$ t hat er bereits geladen. $1\frac{1}{2}$ t werden noch zugeladen. Wie viel t darf er noch höchstens laden?

______

4.

Die Richtigkeit der Division 24 : 4 = 6 kann man durch die Umkehraufgabe 6 · 4 = 24 überprüfen.

a) Rechne 6,975 : 0,31 = ______

b) Kontrolliere die Aufgabe durch ______ · 0,31 = ______

5.

1 l Normalbenzin kostet 1,16 €.

a) Der Vater tankt 33,5 l. Wie viel muss er bezahlen? ______

b) Letztes Mal musste er 52,78 € bezahlen. Wie viel l hatte er getankt?

______ ______

2 Hast du die Aufgabe verstanden?

Welcher Sachverhalt wird in der Aufgabe dargestellt?

So fängst du bei einer Textaufgabe an:
Die Lösung jeder Textaufgabe beginnt mit dem gründlichen Lesen des Aufgabentextes. Hast du den Aufgabentext nicht verstanden, bist du beim Lösen chancenlos.
Häufig findest du in den Aufgabentexten Begriffe, deren Bedeutung man kennen muss, um die Aufgabe lösen zu können. Überprüfe dich, ob du hier die Begriffe kennst.

Beispiel Aus einem 100-l-Tank fließen in 5 Minuten 12 l. Wie groß ist die **Ausflussgeschwindigkeit in l/min?**
Begriff: Ausflussgeschwindigkeit l/min
Sie gibt an, wie viel l in einer Minute aus dem Gefäß herausfließen.

Untersuche in gleicher Weise die folgenden Aufgaben. Findest du Begriffe, die du nicht kennst, darfst du im Lösungsheft nachschlagen. Sie werden in späteren Abschnitten erläutert.

1.
Olaf braucht mit seinem Fahrrad für 36 km $1\frac{1}{2}$ Stunden. Wie groß ist seine Durchschnittsgeschwindigkeit in km/h?

2.
Henning hat 1500 € gespart. Er erhält 100 € Zinsen. Wie groß ist jetzt sein Sparguthaben?

3.
Der Einkaufspreis einer Ware beträgt 150 €. Sie wird mit einem Verlust von 20 € verkauft. Wie hoch ist der Verkaufspreis?

4.
Als Stammkundin hat Frau Föniger beim Einkauf Rabatt bekommen. Statt 150 € brauchte sie nur 120 € zu bezahlen. Wie hoch war der Rabatt?

Verkürze den Text auf das Wesentliche

Manche Aufgabentexte enthalten überflüssige Angaben, die auf das Lösen der Aufgabe keinen Einfluss haben. Man kann solche Texte verkürzen und auf das Wesentliche beschränken. Auf diese Weise lässt sich die Aufgabe leichter lösen, weil sie übersichtlicher geworden ist.

Beispiel

Olaf will mit seinem Fahrrad einen Schulfreund besuchen, der 36 km entfernt wohnt. Er schafft diese Strecke trotz Gegenwindes in $1\frac{1}{2}$ Stunden. Wie groß ist seine Durchschnittsgeschwindigkeit in km/h? Verkürzte Fassung:
Für 36 km braucht man $1\frac{1}{2}$ Stunden. Wie groß ist die Durchschnittsgeschwindigkeit in km/h?

Tipp

1. Unterstreiche die wichtigen Angaben.
2. Formuliere aus den unterstrichenen Teilen eine Kurzfassung der Aufgabe.

1.

Henning hat von seiner Oma 1500 € geschenkt bekommen. Er spart dieses Geld. Von der Sparkasse erhält er 100 € Zinsen. Wie groß ist jetzt sein Sparguthaben?

2.

Ein Fahrradhändler verkauft ein Fahrrad mit leichten Lackschäden. Der Einkaufspreis betrug 350 €. Er muss es jetzt mit einem Verlust von 60 € verkaufen. Wie hoch ist der Verkaufspreis?

3.

Mutter kauft sich im Sommerschlussverkauf ein Kleid, das ursprünglich 150 € kostete. Während des Schlussverkaufs gewährt das Geschäft einen Rabatt, so dass Mutter nur noch 120 € zu bezahlen braucht. Wie hoch ist der Rabatt?

4.

In einer Kaffeerösterei gibt es zwei Sorten Kaffeebohnen. Die erste Sorte wird mit 6,50 € pro kg verkauft, die zweite wird zu 7,90 €/kg angeboten. Herr Steibl gönnt sich $\frac{1}{2}$ kg von der zweiten Sorte. Wie viel muss er bezahlen?

Gesucht – gegeben

Was ist gesucht, was gegeben?

Hast du dich mit dem Aufgabentext vertraut gemacht, weißt du also, wovon die Aufgabe handelt. Beginne das **Lösen** der Aufgabe mit dem **Herausschreiben** des **Gesuchten** und des **Gegebenen**.

Beispiel Wie groß war die Durchschnittsgeschwindigkeit der drei Freunde, wenn sie auf ihrer Radtour 55 km in $2\frac{1}{2}$ h zurückgelegt haben?

Gesucht: Durchschnittsgeschwindigkeit

Gegeben: Strecke 55 km; Zeit $2\frac{1}{2}$ h

Bearbeite die folgenden Aufgaben in gleicher Weise.

1.
Henning hat von seiner Oma 1500 € geschenkt bekommen. Er spart dieses Geld. Von der Sparkasse erhält er 100 € Zinsen. Wie groß ist jetzt sein Sparguthaben?

2.
Ein Fahrradhändler verkauft ein Fahrrad mit leichten Lackschäden. Der Einkaufspreis betrug 350 €. Er muss es jetzt mit einem Verlust von 60 € verkaufen. Wie hoch ist der Verkaufspreis?

3.
Mutter kauft sich im Sommerschlussverkauf ein Kleid, das ursprünglich 150 € kostete. Während des Schlussverkaufs gewährt das Geschäft einen Rabatt, so dass Mutter nur noch 120 € zu bezahlen braucht. Wie hoch ist der Rabatt?

4.
In einer Kaffeerösterei gibt es zwei Sorten Kaffeebohnen. Die erste Sorte wird mit 6,50 € pro kg verkauft, die zweite wird zu 7,90 €/kg angeboten. Herr Steibl gönnt sich $\frac{1}{2}$ kg von der zweiten Sorte. Wie viel muss er bezahlen?

3 Angewandtes Rechnen – Dreisatzrechnung/Zuordnungen

Proportionale und umgekehrt proportionale Zuordnungen

Merke In vielen Aufgaben des angewandten Rechnens sind Größen wie Geldbeträge, Gewichte, Längen, Zeiten, Geschwindigkeiten einander **zugeordnet**.

1.

Gib von den folgenden Aufgaben an, welche Größen jeweils zugeordnet sind.

a) Auf dem Wochenmarkt werden Äpfel der gleichen Sorte in Beuteln zu 6 kg und zu 9 kg angeboten. Ein 6-kg-Beutel kostet 7,50 €. Wie teuer müsste ein 9-kg-Beutel sein?
kg → €

b) Ein Auto fährt in 4 Stunden (h) 420 km weit. Welche Strecke könnte es bei gleicher Durchschnittsgeschwindigkeit in 3 Stunden zurücklegen?
_____ → _____

c) Für 60 € kann man 4 m Stoff kaufen. Wie viel m der gleichen Stoffqualität bekommt man für 45 €?
_____ → _____

Tipp Für Aufgaben, in denen Zuordnungen vorkommen, kann man als Lösungshilfsmittel Tabellen einsetzen.

Beispiel **2.** Für Aufgabe 1a sieht das so aus:

kg	6		9
€	7,50 €		?

Da man von 6 kg auf 9 kg schließen soll, ist es günstig, den Preis von 1 kg zu berechnen.

kg	6	1	9
€	7,50	☐	☐

(6 → 1: $: 6$; 1 → 9: $\cdot\, 9$; 7,50 → ☐: $: 6$; ☐ → ☐: $\cdot\, 9$)

Fülle die Tabelle aus!

Was sind proportionale Zuordnungen?

Beim Schlussfolgern von einer Menge der Ware über die Einheit 1 auf eine andere Menge ergab sich z. B.:

Kaufe ich nur den 6. Teil der Menge, so ergibt sich auch nur der 6. Teil des Preises.

Kaufe ich dagegen die 6fache Menge, so ist der Preis 6-mal so groß.

Das ergibt die Kurzformel:
je weniger → desto weniger
je mehr → desto mehr

Die hier einander zugeordneten Größen verhalten sich **gleichsinnig**: Dem Kleinerwerden der einen Größe entspricht das Kleinerwerden der anderen, das Wachsen der einen Größe zieht das Wachsen der anderen nach sich.
Eine solche Zuordnung heißt **proportionale Zuordnung**.

3.
Vervollständige für die Aufgaben 1b und 1c diese Tabellen:

h		1	

€		1	

4.
Lege zu den folgenden Aufgaben Tabellen an und berechne die fehlenden Werte.

a) Aus einem Tank fließen in 6 Stunden 420 l Wasser. Wie viel l sind das in 8 Stunden?

b) Eine Maschine fertigt in 5 Stunden 8500 Schrauben. Wie lange muss die Maschine arbeiten, wenn man 10 200 Schrauben herstellen will?

c) Für 3 kg einer Ware müssen 48 € bezahlt werden. Wie teuer sind 5 kg?

5.

Patrick fährt mit dem Fahrrad in 4 Stunden 84 km. Welche Strecke legt er in 6 Stunden zurück?

a) Lege eine Tabelle an und fülle sie aus.

b) Wachsen die Größen gleichsinnig, liegt demnach eine proportionale Zuordnung vor?

6.

Martin ist mit dem Fahrrad unterwegs. Wenn er 24 km/h fährt, benötigt er 5 Stunden. Seine Durchschnittsgeschwindigkeit beträgt aber 30 km/h. Wie viele Stunden benötigt er jetzt für die gleiche Strecke?

$: 24$ $\cdot 30$

km/h	24	1	30
h	5	□	□

Überlege!

Wenn Martin 24 km/h fährt, benötigt er 5 Stunden; wenn er nur 1 km/h fährt, braucht er dann den 24ten Teil von 5 h oder müsste er, weil er so langsam fährt, 24-mal so lange unterwegs sein?

Fülle jetzt die Tabelle aus und berechne die Werte.

7.*

Teresa wählt einen Stoff für 24 €/m (€ pro Meter) aus. Sie nimmt 5 m. Wie viel m Stoff könnte sie für ihr Geld kaufen, wenn sie nur 12 €/m ausgeben würde?

a) Zeichne eine Tabelle und berechne die Werte.

b) Wachsen die zugeordneten Größen gleichsinnig? Wenn du im oberen Teil der Tabelle teilst, musst du dann im entsprechenden unteren Teil auch teilen?

8.*

Tina nimmt 5 m Stoff zu 24 €/m. Wie teuer müsste der Stoff sein, wenn sie für ihr Geld 10 m kaufen wollte?

a) Lege eine Tabelle an und berechne die Werte.

b) Wachsen die zugeordneten Größen gleichsinnig?

Was sind umgekehrt proportionale Zuordnungen?

Die in den Aufgaben 6, 7 und 8 jeweils einander zugeordneten Größen verhalten sich **ungleichsinnig**. Wird die eine Größe z. B. durch 5 **geteilt**, so muss die andere mit 5 **malgenommen** werden und umgekehrt. Dem **Kleinerwerden** der einen Größe entspricht das **Größerwerden** der anderen und umgekehrt das Größerwerden bedingt das Kleinerwerden.
Solche Zuordnungen heißen **umgekehrt proportional** oder **antiproportional**.

Daraus ergibt sich die Kurzformel: je weniger → desto mehr
je mehr → desto weniger

9.

Gehe bei diesen Aufgaben so vor:
Lege jeweils eine Tabelle an und überlege dir vor dem Ausrechnen, ob sich die entsprechenden Größen gleichsinnig oder ungleichsinnig verändern.

a) Mutter kauft Äpfel ein. Nimmt sie Gloster zu 1,25 €/kg, kann sie 12 kg kaufen. Wie viel kg bekommt sie für ihr Geld, wenn sie Cox Orange für 1,50 €/kg nimmt?

b) 12 kg Äpfel kosten auf dem Wochenmarkt 13,20 €. Wie teuer sind 8 kg der gleichen Sorte?

c) Auf einer Großbaustelle sind 5 Bagger im Einsatz. Sie können 140 m^3/h Erdreich verladen. Die Firma setzt 6 Bagger ein. Wie viel m^3 Erdreich schaffen sie in einer Stunde?

d) Der Bauleiter hat ausgerechnet: Wenn 5 Bagger im Einsatz sind, dann können sie eine Baugrube in 12 Tagen ausheben. Wie viele Tage benötigen für die gleiche Arbeit 6 Bagger?

Hier gilt es, den Aufgabentyp zu erkennen

Was sind Aufgaben der Schlussrechnung oder Dreisatzrechnung?

Aufgaben mit proportionalen bzw. umgekehrt proportionalen Zuordnungen heißen auch Aufgaben der **Schlussrechnung** oder **Dreisatzaufgaben**. Aufgaben, bei denen man über die Einheit schließt, sind also Aufgaben der Schlussrechnung oder Dreisatzrechnung. Bei ihnen musst du aufpassen, denn entweder lässt sich die Einheit durch **Teilen** (proportionale Zuordnungen) oder durch **Malnehmen** (umgekehrt proportionale Zuordnungen) bestimmen.

1.

Welche von den folgenden Aufgaben sind Aufgaben der Schlussrechnung? Suche sie heraus und löse sie mit Hilfe einer Tabelle.

a) In einem Möbellager werden Stühle verkauft. 4 Stühle kosten 224 €. Wie teuer sind 6 Stühle des gleichen Modells?

b) Es stehen zwei verschiedene Stuhlmodelle zur Verfügung. Die Stühle des ersten Modells kosten 60 €/Stuhl, die des zweiten nur 40 €/Stuhl. Ein Händler kauft 4 von der ersten Sorte und 6 von der zweiten. Was muss er bezahlen?

c) Herr Bertram überlegt, wenn er 60 €/Stuhl ausgibt, kann er 4 Stühle kaufen. Wie viele Stühle bekommt er für das gleiche Geld, wenn er das Modell für 40 €/Stuhl kauft?

Tipp

Woran erkennt man Aufgaben der Schlussrechnung?

Machen wir uns von jeder Aufgabe zunächst eine Lösungsübersicht:

für a) Hier musst du von 4 Stühlen auf 1 Stuhl und dann auf 6 Stühle schließen und die entsprechenden Preise ausrechnen:

4 Stühle → $\boxed{\text{1 Stuhl}}$ → 6 Stühle

für c) ergibt sich:

60 €/Stuhl → $\boxed{\text{1 €/Stuhl}}$ → 40 €/Stuhl

für b) sieht dagegen die Lösungsübersicht so aus:

$4 \cdot 60\,€ + 6 \cdot 40\,€$

2.

Suche zunächst die Aufgaben der Schlussrechnung heraus und löse sie mit einer Tabelle. Löse dann auch die anderen Aufgaben.

a) Bei der Reparatur eines Wasserrohrbruches hat ein Geselle 6 Stunden und ein Lehrling 4 Stunden gearbeitet. Eine Gesellenstunde wird mit 42 €, eine Lehrlingsstunde mit 29 € abgerechnet. Welche Lohnkosten sind entstanden?

b) An einer Reparatur arbeiten 6 Gesellen 40 Stunden lang. In welcher Zeit würden es 8 Gesellen schaffen?

c) Sylvia kauft 3 kg Apfelsinen für 6,30 €. Wie viel kg erhält sie für 4,20 €?

d) Tina kauft 3 kg Apfelsinen zu 1,75 €/kg und 4 kg Äpfel für 1,30 €/kg. Was muss sie zahlen?

e) Beim Fleischer kann die Kundin auswählen zwischen Schweinebraten, der 8 €/kg kostet, und Rinderbraten zu 12 €/kg. Von dem Rinderbraten kann sie für den vorgesehenen Betrag 2 kg kaufen. Wie viel kg Schweinebraten erhält sie für den gleichen Betrag?

3.

a) Herr Müller prüft seine Stromrechnung. Er hat im letzten Monat 90 kWh (Kilowattstunden) verbraucht. Eine Kilowattstunde kostet 0,14 €. Die Grundgebühr beträgt 21 €. Wie hoch muss demnach seine Rechnung sein?

b) Im Vormonat betrug die Rechnung 36,40 €. Kannst du die Anzahl der Kilowattstunden berechnen? Bedenke, dass im Rechnungsbetrag 21 € Grundgebühr steckt.

4.*

Ist die Zuordnung [kWh] → [€] eine proportionale Zuordnung? Wachsen diese Größen also gleichsinnig?

5.*

Herr Behrens hat einen anderen Stromtarif. Er musste für 120 kWh bei einer Grundgebühr von 25 € insgesamt 43 € bezahlen. Wie hoch wird seine Rechnung, wenn er im nächsten Monat 150 kWh verbraucht?

Tipp

Ohne die Grundgebühr ist die Zuordnung [kWh] → [€] proportional.
Ziehe also die Grundgebühr vom Rechnungsbetrag ab.
Rechne dann den Preis für 1 kWh aus. Tabelle anlegen!
Im Endergebnis musst du die Grundgebühr wieder zu den Stromkosten addieren.

6.

Für 180 kWh mussten bei einer Grundgebühr von 21 € insgesamt 42,60 € bezahlt werden. Welcher Rechnungsbetrag ergibt sich bei einem monatlichen Verbrauch von 210 kWh? Vergiss nicht, im Endergebnis die Grundgebühr zu berücksichtigen.

7.

Auch in Telefonrechnungen steckt eine Grundgebühr.

a) Wie hoch wird die Telefonrechnung, wenn die monatliche Grundgebühr 24,60 €, eine Gebühreneinheit 0,12 € kostet und 85 Einheiten verbraucht wurden?

b) Die Eltern bekommen eine Telefonrechnung von 39 €. Wie viele Gebühreneinheiten wurden verbraucht?

8.*

Ist die Zuordnung Gebühreneinheit → € proportional? Wachsen die Größen also gleichsinnig?

9.

Herr Schilling erhält eine Telefonrechnung von 54,60 €. Er hat 250 Gebühreneinheiten verbraucht. Die Grundgebühr beträgt 24,60 €. Wie hoch wird seine Rechnung von 350 Einheiten?

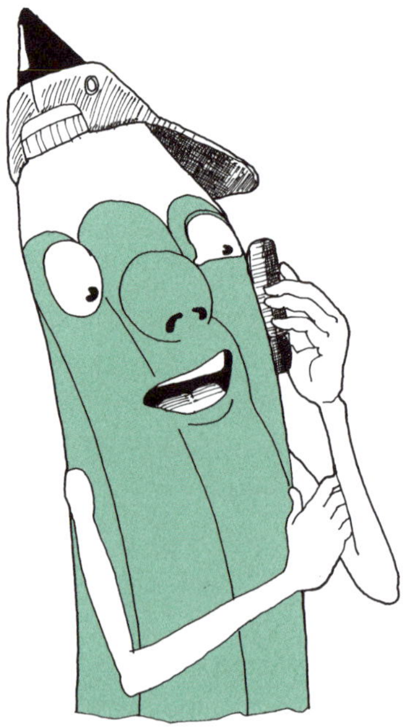

Vermischte Textaufgaben mit Zuordnungen

1.

Wagners Telefonrechnung beträgt 57,00 € bei einer Grundgebühr von 24,60 € und 270 Einheiten. Wie hoch wird die Rechnung, wenn sie 400 Einheiten benötigen?

2.

a) Der Sportverein „Fit & Fun“ hat 376 Mitglieder, die jährliche Einnahmen von 75 952 € erbringen. Wie hoch sind die Einnahmen, wenn weitere 25 Mitglieder dem Verein beitreten?

b) Um wie viel Euro hat der Verein den Beitrag gesenkt, wenn bei den 401 Mitgliedern nur noch Jahreseinnahmen von 78 195 € verbucht werden?

3.*

a) Das Konstruktionsbüro Heinemann hat einen modernen Telefon- und Internetzugang. Die Rechnung für Dezember sieht so aus:
Grundgebühr ISDN- und DSL-Anschluss: 31,50 €
Grundgebühr Flatrate: 25,81 €
Dazu kommen 725 Einheiten zu je 0,06 €.
Wie viel Euro muss Herr Heinemann überweisen?

b) Im Januar beträgt die Rechnung 105,91 €. Wie viele Einheiten wurden berechnet?

4.

„Logistic Trans“ hat eine firmeneigene Tankstelle für ihre 12 LKW. Wenn alle Wagen morgens gleichmäßig betankt werden, reicht der Benzinvorrat 18 Tage. Wie lange reicht er, wenn nur 9 bzw. 8 Wagen unterwegs sind?

5.

a) Herr Berkemann hat auf seinem Dach eine Photovoltaik-Anlage installiert, um Strom zu erzeugen. Diesen Solarstrom verkauft er an die Stadtwerke. Für das Jahr 2001 sah seine Bilanz so aus: 2500 kWh Strom zu 0,48 € pro kWh produziert, 36 € Zählergebühr gezahlt. Wie hoch war sein Gewinn?

b) Das Jahr 2002 war sonnenreicher, seine Anlage brachte sogar 1303,20 € ein. Wie viel kWh Strom hat sie produziert?

Zerlege in Teilaufgaben – Mischverhältnisse

So kannst du Mischaufgaben lösen:

1. Zerlege die Aufgabe in Teilaufgaben.
2. Suche die jeweils zur Lösung einer Teilaufgabe benötigten Größen heraus.
3. Rechne alle Teilaufgaben.

1.

In einer Kaffeerösterei werden zwei Kaffeesorten gemischt. Von der ersten Sorte kostet 1 kg 9,00 €, von der zweiten Sorte 1 kg 7,90 €. Es werden 15 kg von der ersten Sorte mit 10 kg von der zweiten Sorte gemischt. Wie teuer ist 1 kg der Mischung?

Du kannst diese Aufgabe in folgende **Teilaufgaben** zerlegen:

Beispiel

a) Wie viel kosten die 15 kg der ersten Sorte?

b) Wie teuer sind 10 kg von der zweiten Sorte?

c) Wie hoch ist der Preis der gesamten Mischung?

d) Wie viel kg umfasst die Mischung?

e) Wie teuer muss schließlich 1 kg sein?

Rechne alle Teilaufgaben aus!

2.

Für die Herstellung einer Bonbonmischung werden drei Sorten verwendet. Von der ersten Sorte kostet 1 kg 3,80 €, von der zweiten 5,60 € und von der dritten 7,50 €. Die Mischung besteht aus 8 kg von der ersten, 7 kg von der zweiten und 5 kg von der dritten Sorte. Wie teuer muss 1 kg der Mischung verkauft werden?

3.

10 kg einer Lakritzmischung werden aus 2 kg einer Sorte hergestellt, von der 1 kg 14,50 € kostet, aus 5 kg zu je 8,50 € pro kg und aus dem Rest zu je 12 € pro kg. Wie teuer wird 1 kg der Mischung?

4.

Es sollen 5 kg Bonbonmischung hergestellt werden, von der 1 kg 8 € kostet. Man nimmt 3 kg einer Sorte zu 10 € pro kg. Wie viel muss 1 kg der zweiten Sorte kosten?

Diese Aufgabe kannst du in folgende **Teilaufgaben** zerlegen: Tipp

a) Wie teuer ist die gesamte Bonbonmischung?

b) Wie viel € kosten 3 kg der einen Sorte?

c) Wie viel € bleiben für die zweite Sorte übrig?

d) Wie teuer muss also 1 kg der zweiten Sorte sein?

Löse auch die folgenden Aufgaben durch Zerlegen in Teilaufgaben.

5.*

20 l Fruchtmischgetränk enthalten 2 l Kirschsaft zu 4,50 € pro l, 6 l Johannisbeersaft zu 3,25 € pro l und $\frac{1}{2}$ l Himbeersaft zu 9 € pro l. Der Rest besteht aus Wasser. Wie viel kostet 1 l Fruchtsaftgetränk?

6.*

Man will 50 kg Kaffeemischung aus zwei Kaffeesorten so herstellen, dass 1 kg der Mischung 6 € kostet. Es werden 30 kg einer Sorte zu 8,50 € je kg genommen. Wie groß muss dann der kg-Preis der zweiten Sorte sein?

7.*

Für 10 kg einer Weingummimischung zu 12 € pro kg werden drei Sorten genommen: 3 kg von der ersten Sorte zu 10 € pro kg, 5 kg einer zweiten Sorte zu 8 € pro kg und der Rest von einer dritten Sorte. Berechne den kg-Preis der dritten Sorte.

8.*

Ein Süßwarengeschäft will 20 kg Bonbonmischung zu 5 € pro kg herstellen. Drei Bonbonsorten stehen zur Verfügung. Es werden 8 kg zu 3,50 € pro kg mit 7 kg zu 6 € pro kg gemischt. Wie viel € muss 1 kg der dritten Sorte kosten?

Lösungsplan 1 – Vermischte Dreisatzaufgaben

Kannst du eine Aufgabe zunächst nicht lösen, musst du versuchen, diese Aufgabe systematisch nach dem Lösungsplan 1 zu bearbeiten.

Lösungsplan 1

1. Lies die Aufgabe gründlich durch.
2. Welcher Sachverhalt wird in der Aufgabe dargestellt?
   Wovon handelt also die Aufgabe?
3. Was ist gesucht?
4. Was ist gegeben?
5. Überlege dir den Lösungsweg.
   Prüfe dazu den Aufgabentext auf Ausdrücke, die auf einen bestimmten Aufgabentyp hinweisen.
   a) Musst du von einer Menge (einer Anzahl) über die Einheit auf eine andere Menge (andere Anzahl) schließen, dann arbeite mit einer Tabelle.
   b) Lässt sich der Text in Teilaufgaben zerlegen, so schreibe alle Teilaufgaben heraus.
6. Führe die Rechnung aus.
7. Überlege, ob die berechnete Größe bereits das Endergebnis ist.
8. Kontrolliere das Ergebnis.
9. Schreibe einen Antwortsatz.

Beispiel

1. Aufgabentext:
   Wenn aus einem Wassertank 12 l/min herausfließen, ist der Tank in 5 Minuten (min) geleert. In welcher Zeit leert sich der Tank, wenn 10 l/min herausfließen?
2. Die Aufgabe handelt von Ausflussgeschwindigkeiten. Die Größe l/min gibt an, wie viel l einer Flüssigkeit in einer Minute fließen.

3. Anzahl der Minuten.

4. Bei 12 l/min → 5 Minuten;
   neue Ausflussgeschwindigkeit 10 l/min.

5. Man muss schließen
   12 l/min → 1 l/min → 10 l/min.

   Also bietet sich als Lösungshilfe eine Tabelle an.

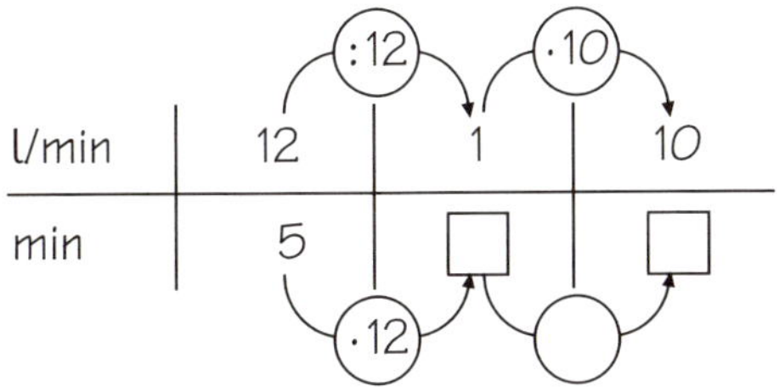

   Wird die Ausflussgeschwindigkeit kleiner (: 12), muss die Ausflusszeit größer (· 12) werden.

Führe die Rechnung selbst aus. Bearbeite auch die Punkte 7, 8 und 9 des Lösungsplanes.

Beispiel

1. Aufgabentext:
   Der „Oasendrink“ wird aus 60 l Apfelsinensaft und 40 l Pampelmusensaft gemischt. 1 l Apfelsinensaft kostet 1,25 € und 1 l Pampelmusensaft 1,75 €. Wie teuer wird 1 l des Fruchtgetränks?

2. Die Aufgabe beschäftigt sich mit dem Mischen von Flüssigkeiten.

3. Literpreis des Mischgetränks.

4. 60 l zu 1,25 € pro l und 40 l zu 1,75 € pro l.

5. Die Aufgabe lässt sich in die Teilaufgaben zerlegen:

   a) Preis für 60 l Apfelsinensaft

   b) Kosten für 40 l Pampelmusensaft

   c) Gesamtpreis des Fruchtgetränks

   d) Menge des Fruchtgetränks

   e) Preis für 1 l Fruchtgetränk

Löse die Aufgaben und bearbeite auch die Abschnitte 7, 8 und 9 des Lösungsplanes.

Die folgenden Aufgaben sollst du selbstständig lösen. Prüfe jeweils, ob du nach einem ausführlichen Lösungsplan vorgehen musst oder nicht. Arbeitest du nach einem Lösungsplan, so entscheide selbst, welche Abschnitte du davon schriftlich bearbeiten willst.

1.
Eine Maschine fertigt in 8 Stunden 6400 Glühbirnen. Wie viele Glühbirnen sind das in 6 Stunden?

2.
Um einen Kundenauftrag zur Herstellung von Glühbirnen ausführen zu können, benötigen 3 Maschinen 8 Stunden. In welcher Zeit schafft man den Auftrag mit 4 Maschinen?

3.
In der Fabrik arbeiten Maschinen des Typs A, die pro Stunde 350 Glühbirnen herstellen, und vom Typ B, die 420 Glühbirnen herstellen. Vom Typ A sind es 4 und vom Typ B 6 Maschinen. Wie viele Glühbirnen stellt die Fabrik in einer Stunde her, wenn alle Maschinen produzieren?

4.
Es sollen 6000 Glühbirnen in einer Stunde hergestellt werden. Die Maschinen des Typs A schaffen in einer Stunde 500 Stück. Davon arbeiten 8 Maschinen. Wie viele Maschinen des Typs B muss man einsetzen, wenn jede dieser Maschinen 400 Glühbirnen in der Stunde produziert?

5.
Lena kauft 8 m Flanell zu 25 €/m. Wie viele Meter könnte sie für ihr Geld kaufen, wenn sie einen Stoff zu 40 €/m nehmen würde?

6.
6 m Jeansstoff kosten 114 €. Wie teuer sind 5 m der gleichen Stoffqualität?

7.
Eine Firma stellt Kostüme her, für die sie drei verschiedene Stoffqualitäten verwendet. Die erste Sorte kostet 25 €/m, die zweite 18 €/m und die dritte 32 €/m. Es werden 28 m von der ersten Sorte, 35 m von der zweiten und 37 m von der dritten verarbeitet. Wie teuer ist dann 1 m des Kostümstoffes?

8.
Herr Kaiser hat im Monat 150 kWh (Kilowattstunden) verbraucht. Er zahlt dafür 39 €. In diesem Betrag ist eine Grundgebühr von 12 € enthalten. Wie hoch wird Herrn Kaisers Stromrechnung, wenn er 270 kWh verbraucht?

9.
Frau Meier hat im Monat 200 kWh verbraucht. Sie muss für 1 kWh jetzt 16 Cent bezahlen. Ihre Stromrechnung beträgt 48 €. Wie viel muss Frau Meier bezahlen, wenn sie 260 kWh verbraucht?

10.*
Eine Kaffeerösterei verarbeitet drei Kaffeebohnensorten: 5 kg von der ersten zu 6 €/kg, 10 kg von der zweiten zu 7,25 €/kg und 15 kg von der dritten zu 9 €/kg. Wie viel kostet 1 kg der Mischung?

11.
Wenn Frau Biehl mit ihrem Wagen 120 km/h fährt, braucht sie für ihre Fahrt $3\frac{1}{2}$ Stunden. Sie möchte aber in 3 Stunden am Ziel sein. Wie schnell müsste sie durchschnittlich fahren?

12.
Florian hat eine Radtour gemacht. 3 Stunden fuhr er 25 km/h und 2 Stunden sogar 28 km/h. Wie schnell war er durchschnittlich in einer Stunde?

13.*
Ein Quader aus Silber wiegt 525 g und hat ein Volumen von 50 cm^3.

a) Wie viel Gramm wiegt ein Silberquader von 30 cm^3 Volumen?

b) Welches Volumen haben 40 g Silber?

14.*
Eine Tierhandlung muss neues Kraftfutter für Meerschweinchen einkaufen. Eine Packung Futter soll 4 Tiere 15 Tage lang ernähren.

a) Wie lange werden die 20 Meerschweinchen in den Käfigen von 1 Packung satt?

b) Es werden 5 Meerschweinchen verkauft. Wie lange reicht jetzt eine Packung Futter?

15.
Für die Ernte einer Kirschbaumplantage benötigen 40 Pflücker 30 Stunden. Wie lange dauert die Ernte bei 25 Pflückern?

Zeit

Diese Umrechnungszahlen musst du können:

In vielen Textaufgaben müssen Zeitspannen und Zeitpunkte bestimmt werden. Diese Übersicht verdeutlicht die Zusammenhänge zwischen den wichtigsten **Zeitmaßen**.

1 Tag = 24 Stunden (h)
1 h = 60 Minuten (min)
1 min = 60 Sekunden (s)

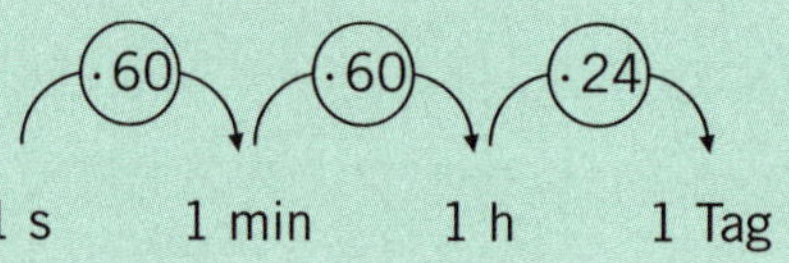

Beispiel

So rechnest du Zeitmaße um:

280 s in Minuten:

280 : 60 = 4 Rest 40 → 280 s = 4 min 40 s

$3\frac{1}{4}$ h in Minuten:

3 h → 3 · 60 min = 180 min

$\frac{1}{4}$ h → 60 min · $\frac{1}{4}$ = 15 min

$3\frac{1}{4}$ h = 180 min + 15 min = 195 min

So berechnest du Zeitspannen:

Welche Zeitspanne ist von 10.35 Uhr bis 12.15 Uhr verstrichen?

10.35 Uhr bis 11 Uhr → 25 min
11 Uhr bis 12.15 Uhr → 1 h 15 min
also: 10.35 Uhr bis 12.15 Uhr → 25 min + 1 h 15 min= 1 h 40 min

So ermittelst du Zeitpunkte:

Wie spät ist es, wenn nach 7.45 Uhr 1 h 32 min verstrichen sind?

1 h 32 min: nach 1 h → 8.45 Uhr
nach 15 min → 9.00 Uhr
32 min – 15 min = 17 min: nach 17 min → 9.17 Uhr. Es ist also 9.17 Uhr.

1.
Rechne folgende Zeitmaße um:

a) in Minuten:

410 s; 160 s; $2\frac{3}{4}$ h; $4\frac{1}{2}$ h; 250 s; 400 s;

$12\frac{1}{4}$ h; 350 s; $8\frac{1}{2}$ h; 700 s; 30 s; 15 s

b) in Stunden:

810 min; 620 min; $1\frac{1}{2}$ Tage; $3\frac{1}{4}$ Tage; 500 min

$\frac{1}{2}$ Tag; $\frac{3}{4}$ Tag; 160 min; 30 min; 15 min

2.
Welche Zeitspanne in Minuten ist verstrichen?

a) von 8.35 Uhr bis 12.30 Uhr
b) von 17.12 Uhr bis 20.00 Uhr
c) von 13.45 Uhr bis 18.30 Uhr
d) von 6.05 Uhr bis 12.50 Uhr
e) von 16.58 Uhr bis 17.03 Uhr
f) von 19.20 Uhr bis 24.00 Uhr

3.
Wie spät ist es jeweils, wenn nach 8.45 Uhr folgende Zeitspannen verstrichen sind?

a) 1 h 25 min
b) 2 h 40 min
c) $6\frac{1}{2}$ h
d) $\frac{3}{4}$ h
e) 38 min
f) 3 h 19 min

4.
Olaf hat seinem Vater an mehreren Tagen bei der Gartenarbeit geholfen. Fülle diese Tabelle vollständig aus:

Arbeitsbeginn	9.15 Uhr		14.20 Uhr	
Arbeitsende	12.30 Uhr	17.25 Uhr		18.30 Uhr
Arbeitszeit		$3\frac{1}{2}$ h	$2\frac{3}{4}$ h	3 h 40 min

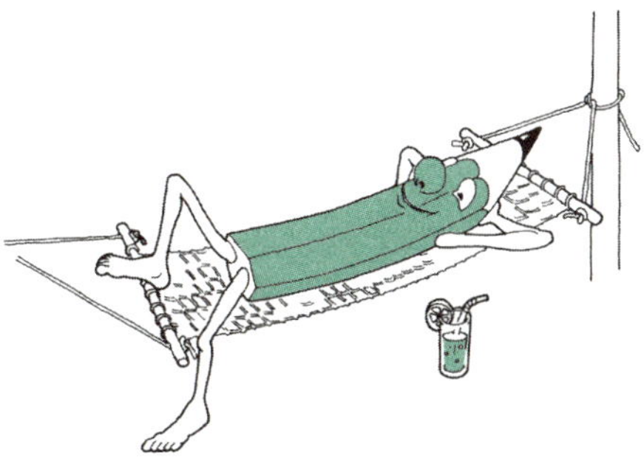

Geschwindigkeit

Was ist die Geschwindigkeit?

Die **Geschwindigkeit** km/h (km pro h) gibt an, wie viel km durchschnittlich in einer Stunde zurückgelegt werden.

Beispiel

So berechnest du die Geschwindigkeit:
Ein Bus fährt in $1\frac{1}{2}$ Stunden 120 km.

$120 \text{ km} \rightarrow 1\frac{1}{2} \text{ h}$.

$120 \text{ km} : 1\frac{1}{2} \text{ h} = \frac{120 \cdot 2}{3} \text{ km/h} = 80 \text{ km/h}$

Die Durchschnittsgeschwindigkeit beträgt 80 km/h.

Beispiel

So lassen sich Geschwindigkeiten umrechnen:

1. **4 m/s in km/h**
   4 m/s bedeutet: $1 \text{ s} \rightarrow 4 \text{ m}$
   $1 \text{ s} \cdot 3600 \rightarrow 4 \text{ m} \cdot 3600 = 14\,400 \text{ m} = 14{,}4 \text{ km}$, da $1 \text{ s} \cdot 3600 = 1 \text{ h}$
   $1 \text{ h} \rightarrow 14{,}4 \text{ km}$; Geschwindigkeit: 14,4 km/h
2. **180 km/h in m/s**
   180 km/h bedeutet: $1 \text{ h} \rightarrow 180 \text{ km}$
   $1 \text{ h} : 3600 \rightarrow 180 \text{ km} : 3600 = 180\,000 \text{ m} : 3600 = 50 \text{ m}$
   $1 \text{ s} \rightarrow 50 \text{ m}$; Geschwindigkeit: 50 m/s.

Tipp

Musst du mit Geschwindigkeiten arbeiten, so sind drei Größen von Wichtigkeit:

1. die zurückgelegte Strecke s,
2. die dafür benötigte Zeit t und
3. die Geschwindigkeit v, die sich aus s : t berechnet.

Es gibt also drei verschiedene Sorten von Aufgaben, je nachdem, ob du v, s oder t berechnen musst:

$v = \frac{s}{t} \;\nearrow\; s = v \cdot t$

$v = \frac{s}{t} \;\searrow\; t = \frac{s}{v}$

1.

Herr Sander fuhr mit seinem Auto in 3 Stunden 270 km. Wie viel km legte er durchschnittlich in einer Stunde zurück? Wie groß war also seine Geschwindigkeit?

2.

Berechne auch hier die Geschwindigkeiten:

a) in 3 h 360 km b) in 5 h 100 km c) in $2\frac{1}{2}$ h 150 km

d) in $1\frac{1}{4}$ h 10 km e) in 8 h 300 km f) in 2 h 7 km

3.

Martin ist mit seinem Rennrad in 12 Minuten 6 km gefahren. Wie groß war seine Durchschnittsgeschwindigkeit?

Rechne so:

Tipp

12 min → 6 km

1 min → 6 km : 12 = 0,5 km

60 min = 1 h → 0,5 km · 60 = 30 km

Die Geschwindigkeit beträgt also 30 km/h.

Berechne in gleicher Weise:

a) in 15 min 13,5 km b) in 23 min 69 km

c) in 6 min 4,5 km d) in 17 min 34 km

4.

a) Rechne diese Geschwindigkeiten in km/h um:
3 m/s; 12 m/s; 1,5 m/s; 40 m/s

b) Hier soll die Einheit m/s bestimmt werden:
120 km/h; 54 km/h; 18 km/h; 270 km/h

5.

Von diesen Werten sollst du die Geschwindigkeiten in km/h und in m/s berechnen.

a) 540 km in 3 h b) 180 m in 5 s c) 3 km in 10 min

d) 60 m in 12 s e) 30 km in $\frac{1}{4}$ h f) 10 km in 25 min

Textaufgaben zur Berechnung von Geschwindigkeiten

Handelt eine Aufgabe von Geschwindigkeiten, so musst du den Abschnitt 5 des Lösungsplanes 1 von Seite 26 durch diese Überlegungen zum Lösungsweg ersetzen:

So löst du Geschwindigkeitsaufgaben:

a) Untersuche den Text daraufhin, welche der drei Größen

zurückgelegte Strecke s
benötigte Zeit t
Geschwindigkeit v

gegeben sind.

b) Entscheide, welchen Aufgabentyp du anwenden musst:

Sind s und t gegeben $\longrightarrow v = \frac{s}{t}$
sind v und t bekannt $\longrightarrow s = v \cdot t$
sind v und s gegeben $\longrightarrow t = \frac{s}{v}$

c) Rechne die Aufgaben aus. Achte dabei auf die Benennung km/h bzw. m/s.

Beispiel Renate will ihre Eltern besuchen, die 150 km entfernt wohnen. Sie fährt mit ihrem Auto durchschnittlich 120 km/h. Wie lange ist sie unterwegs?

Gegeben: s = 150 km und v = 120 km/h
Gesucht: t
Rechnung: 120 km $\longrightarrow$ 1 h

$$1 \text{ km} \longrightarrow 1 \text{ h} : 120 = \frac{1}{120} \text{ h}$$

$$150 \text{ km} \longrightarrow \frac{1}{120} \text{ h} \cdot 150 = \frac{150}{120} \text{ h} = 1\frac{1}{4} \text{ h}$$

Schreibe von den folgenden Aufgaben jeweils auf, welche der Größen v, s, t gegeben und welche gesucht sind.

1.

a) Caroline wohnt an einer Schnellstraße. Ihr Garten ist 60 m lang. Sie misst mit einer Stoppuhr, wie lange die Fahrzeuge für diese Strecke benötigen: Bus 6 s, Lastwagen 5 s, Motorrad 4 s und Sportwagen 2 s. Berechne die Geschwindigkeiten der Fahrzeuge in m/s und km/h.
b) Wie viele Sekunden braucht ein Fahrzeug, wenn es mit 50 km/h am Garten entlangfährt?
c) Berechne wie in b) die Zeiten, die ein Auto benötigt, das mit 80 km/h, 120 km/h und 60 km/h vorbeifährt.

2.

a) Der Abstand zweier Lichtmasten beträgt 50 m. Ein Fußgänger braucht für diese Strecke 25 s, ein Radfahrer 16 s und ein Mopedfahrer 10 s. Berechne die Geschwindigkeit in m/s und km/h.
b) Welche Zeit benötigt für diese Strecke die Straßenbahn, wenn sie 40 km/h, 50 km/h oder 20 km/h fährt?

3.*

a) Ein Intercity fährt um 9.52 Uhr ab und ist um 10.37 Uhr am nächsten Ort. Die Entfernung beträgt 72 km. Wie groß war die Durchschnittsgeschwindigkeit des Zuges in km/h?
b) Gib auch die Geschwindigkeiten von diesen Zügen an:
Abfahrt: 11.49 Uhr, Ankunft: 12.19 Uhr, Entfernung: 67 km
Abfahrt: 13.09 Uhr, Ankunft: 14.29 Uhr, Entfernung: 110 km

4.

Berechne die Strecken, die ein Zug mit der Durchschnittsgeschwindigkeit von 120 km/h in 4 h,

$2\frac{1}{2}$ h, $1\frac{3}{4}$ h, $\frac{1}{2}$ h, $\frac{1}{4}$ h, 10 min, 5 s, 12 s zurücklegt.

5.

a) Beim Jogging läuft Timo 15 km in $1\frac{1}{4}$ h. Welche Durchschnittsgeschwindigkeit ergibt sich?
b) Sarah erreicht eine Durchschnittsgeschwindigkeit von 8 km/h. Wie lange braucht sie für 10 km?
c) Tina ist 50 Minuten unterwegs bei einer Durchschnittsgeschwindigkeit von 9 km/h. Welche Strecke läuft sie?

4 Prozentrechnung

Solche Aufgaben musst du rechnen können

In den ersten Abschnitten dieses Kapitels sollst du die Grundaufgaben der Prozentrechnung wiederholen.

Was sind Prozentsätze?

Zahlenangaben mit Prozent heißen **Prozentsätze**.

$1\,\% = \frac{1}{100} = 0{,}01$

Prozentsätze sind also Hundertstel.

So werden Prozentsätze berechnet:

1. Brüche – wenn möglich – kürzen.
2. Brüche durch Dividieren in Dezimalbrüche umrechnen. Dezimalbrüche – falls notwendig – auf 3 Stellen nach dem Komma runden. Das Aufschreiben der Hundertstel ist oft unnötig.
3. Dezimalbrüche als Prozentsätze schreiben.

Beispiel Jan hat 4 von 25 Aufgaben falsch.

Für den Bruchteil $\frac{4}{25}$ kann man auch schreiben:

$\frac{4}{25} = 4 : 25 = 0{,}16 = \frac{16}{100} = 16\,\%$

Es sind also $\frac{4}{25}$ aller Aufgaben oder $16\,\%$ falsch.

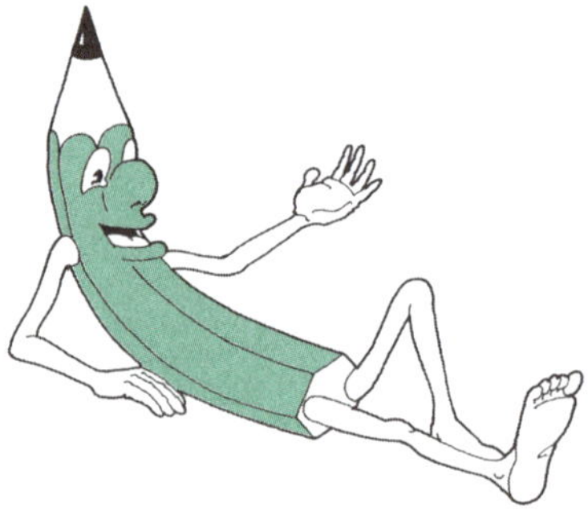

1.

Jana hat von 25 Aufgaben 6 falsch.

a) Wie viel Prozent sind das?

b) Wie viele der 25 Aufgaben hat Jana richtig gerechnet?

c) Berechne den Bruchteil der richtigen Aufgaben.

d) Wandle den Bruchteil in einen Dezimalbruch um, schreibe ihn als Hundertstel und notiere ihn als Prozentsatz.

2.

Nicht immer geht die Division nach der 2ten Stelle hinter dem Komma auf:

Beispiel: $\frac{3}{8} = 3 : 8 = 0{,}375 = \frac{37{,}5}{100} = 37{,}5\,\%$

$\frac{7}{8}$; $\frac{3}{40}$; $\frac{9}{16}$; $\frac{27}{40}$; $\frac{1}{8}$; $\frac{11}{16}$; $\frac{7}{40}$; $\frac{1}{16}$

3.

Geht die Division auch nach der 3ten Stelle nach dem Komma nicht auf, so rundet man auf 3 Stellen nach dem Komma:

Beispiel: $\frac{5}{6} = 5 : 6 \approx 0{,}833 = \frac{83{,}3}{100} = 83{,}3\,\%$

Rechne ebenso:

$\frac{2}{3}$; $\frac{3}{7}$; $\frac{5}{12}$; $\frac{7}{18}$; $\frac{16}{19}$; $\frac{141}{345}$; $\frac{45}{317}$; $\frac{4251}{6373}$

4.

Prozentsätze lassen sich in Hundertstel oder in Dezimalbrüche umschreiben:

Beispiel: $15{,}5\,\% = \frac{15{,}5}{100} = 0{,}155$

27,3 %; 19 %; 4 %; 12,5 %; 80 %; 0,5 %

5.

Auch hier sollst du umwandeln:

Beispiel: $8\frac{3}{4}\,\% = 8{,}75\,\% = \frac{8{,}75}{100} = 0{,}0875$

$4\frac{1}{2}\,\%$; $6\frac{1}{4}\,\%$; $17\frac{3}{4}\,\%$; $91\frac{1}{5}\,\%$; $70\frac{1}{2}\,\%$; $28\frac{4}{5}\,\%$

So berechnet man den Prozentsatz p %

In der Prozentrechnung unterscheidet man folgende Begriffe:

Grundwert G steht für das **Ganze.**

Prozentwert P steht für einen **Teil** des Ganzen.

Prozentsatz p % steht für den **Anteil** in %.

Es gilt: $p\,\% = \frac{P}{G}$

Beispiel Von 400 Schülern sind 150 Fahrschüler, das sind $\frac{150}{400} = 37{,}5\,\%$.

Grundwert G ↑	Prozentwert P ↑	Prozentsatz $p\,\% = \frac{P}{G}$ ↑

Muss man den **Prozentsatz p %** berechnen, benötigt man den **Grundwert G** und den **Prozentwert P.**

So lassen sich die Prozentsätze p % ermitteln:

1. Wie groß ist G?
2. Welchen Wert hat P?
3. Bestimme den Bruchteil $\frac{P}{G}$.
4. Berechne den Prozentsatz p %.

Beispiel Die Bevölkerungszahl eines Ortes mit 3700 Einwohnern erhöht sich um 50 Personen. Wie viel Prozent sind das?

1. G = 3700 Personen
2. P = 50 Personen
3. $\frac{P}{G} = \frac{50}{3700} = \frac{5}{370}$
4. $p\,\% = 5 : 370 \approx 0{,}014$ (gerundet) $\underline{\underline{p\,\% \approx 1{,}4\,\%}}$

Prozentsätze sind Hundertstel. Es gilt: $0{,}01 = \frac{1}{100} = 1\,\%$

Beachte

1.

Suche aus den folgenden Aufgaben jeweils G und P heraus. Bedenke, dass der Grundwert G jeweils für das Ganze steht, auf das sich alles bezieht.

a) In der Klasse 7 a sind von 25 Schülern 6 an Grippe erkrankt.

b) In der Klasse 7 b sind 7 von 28 Schülern erkrankt.

Trage die Werte in diese Tabelle ein und berechne die Prozentsätze:

Klasse	Gesamtzahl der Schüler G	Erkrankte Schüler P	Anteil der Erkrankten $\frac{P}{G}$	Prozentsatz p%
7 a				
7 b				

2.

Wie groß sind jeweils die Prozentsätze?

Bei einer Verkehrskontrolle ergab sich:

a) Von 420 Fahrrädern hatten 45 eine fehlerhafte Beleuchtung.

b) Bei 15 der kontrollierten 420 Fahrräder waren die Bremsen nicht in Ordnung.

c) An 8 der 420 Fahrräder fehlten die Rückstrahler.

Berechne auch hier die Prozentsätze:

3.

Ein Preis von 150 € wird um 10 € erhöht.

4.

Der Viehbestand eines Bauern von 245 Stück hat sich um 25 Tiere verringert.

5.

Die Zahl der Unfälle in einer Stadt ist von 7820 um 75 zurückgegangen.

6.

Der Preis für 1 l bleifreies Benzin ist von 1,05 € um 3 ct erhöht worden.

Berechne den Prozentwert P

Will man den Prozentwert P ermitteln, so müssen Grundwert G und Prozentsatz p % gegeben sein. Sie müssen aus dem Aufgabentext herausgesucht werden.

Ermittle den Prozentwert P so:

1. Wie groß ist G?
2. Welchen Wert hat p %?
3. Bestimme P = p % von G so:
   $P = p\,\% \cdot G$
   $P = G \cdot p\,\%$

Dazu schreibt man p % als Hundertstel oder als Dezimalbruch.

Beispiel Der Preis einer Ware von 150 € wurde um 4 % erhöht. Wie viel € sind das?

1. G = 150 €
2. p % = 4 %
   P = ?
3. **Rechnung:**
   $P = 4\,\%$ von $150\,€ = 150\,€ \cdot 4\,\%$
   $= 150\,€ \cdot 0{,}04$
   $= 150\,€ \cdot \frac{4}{100}$

   $P = 6\,€$

1.
Wie viel € sind

a) 8 % von 650 €

b) $12\frac{1}{2}$ % von 9500 €

c) 40 % von 12 €

d) 9,2 % von 4500 €

2.

a) Ein Angestellter verdient monatlich 2900 €. Er erhält eine Gehaltserhöhung von 3,1 %. Wie viel € sind das?

b) Eine Firma baut im Jahr 3600 Anhänger. Die Produktion geht um $4\frac{1}{2}$ % zurück. Wie viele Anhänger werden weniger gebaut?

c) Von 24 500 ha Wald sind 51,2 % geschädigt. Wie viel ha sind das?

Dem Grundwert G entsprechen 100 %. **Beachte**

3.

Für die Renovierung eines Hauses sind 40 000 € veranschlagt. 45 % erhält der Maler, 37 % der Tischler. Der Rest ist für den Elektriker vorgesehen. Wie viel € erhält jeder Handwerker?

4.

Eine Urlaubsreise kostet insgesamt 2500 €. 21 % davon sind Fahrtkosten, 67 % werden für Unterkunft und Verpflegung verbraucht. Der Rest ist für Besichtigungen und Ausflüge vorgesehen. Wie viel € werden jeweils ausgegeben?

5.

An der Wahl zum Schulsprecher beteiligten sich insgesamt 850 Schülerinnen und Schüler. 4 % aller Stimmen waren ungültig. 44 % der Stimmen entfielen auf die Kandidatin Teresa, 32 % erhielt Alexander und der Rest wählte Mara. Wie viele Stimmen waren das jeweils?

Berechnung des Grundwertes G

Auch hier müssen von den drei Größen der Prozentrechnung Prozentsatz p %, Grundwert G und Prozentwert P zwei gegeben sein, um die dritte ermitteln zu können. Du musst also p % und P aus dem Aufgabentext heraussuchen.

Bestimme den Grundwert G so:

1. Welchen Wert besitzt P?
2. Wie groß ist p %?
3. Bilde p % von G = P und schreibe
   p % · G = P
   G · p% = P
4. Berechne G durch G = P : p %

Beispiel Bei der Wahl hat eine Partei 1500 Stimmen hinzugewonnen, das sind 8 %. Wie viele Stimmen hatte die Partei vorher erhalten?

1. P = 1500 Stimmen
2. p% = 8 %
   G = ?

Rechnung:

Da sich die 8 % auf das Ganze, also den Grundwert G beziehen, gilt:

3. 8 % von G = 1500 Stimmen
   0,08 · G = 1500 Stimmen
4. G = 1500 Stimmen : 0,08
   G = 18 750 Stimmen

1.
Berechne die Grundwerte G:

a) 12 % sind 7560 Stimmen

b) 37 % sind 40 700 Stimmen

c) 15 % sind 850 €

d) $4\frac{1}{2}$ % sind 45 €

e) 28 % sind 1260 €

f) 15,2 % sind 64 100 €

2.
Martins Wohnungsmiete verteuert sich um 8 %. Er muss jetzt 30 € mehr bezahlen. Wie hoch war der Mietpreis vor der Erhöhung?

3.
Nicos Taschengeld wird um 15 € erhöht, das sind 25 %. Wie hoch war sein Taschengeld?

4.
Karola spart beim Kauf eines Partykleides 60 €. Der Preis war um 15 % gesenkt worden. Wie teuer war das Kleid ursprünglich?

5.
Im Heizkraftwerk konnte der Schadstoffausstoß um 4500 t gesenkt werden, das sind $10\frac{1}{2}$ %. Wie groß war der Schadstoffausstoß vorher?

6.
Herr Wandtke hat seine Heizung neu einstellen lassen. Sie verbraucht jetzt 8 % weniger Öl. Er spart auf diese Weise 200 l Öl. Wie viel l Öl wurden vorher verbraucht?

7.
Im Schlussverkauf wurden alle Preise um 40 % gesenkt.
Herr Rieger hat am Kauf seiner Schuhe 36 € und an den Strümpfen 3,68 € gespart. Wie teuer waren Schuhe und Strümpfe vor dem Schlussverkauf?

Lösungsplan 2 – Vermischte Textaufgaben zur Prozentrechnung

In den vorangehenden Abschnitten konntest du wiederholen, wie die **Grundaufgaben** der Prozentrechnung gelöst werden. Diese Grundkenntnisse sind erforderlich, um kompliziertere Aufgaben der Prozentrechnung bewältigen zu können.

Arbeite bei den folgenden Aufgaben nach dem Lösungsplan 2:

Lösungsplan 2

1. Lies die Aufgabe gründlich durch.
2. Welcher Sachverhalt wird in der Aufgabe dargestellt?
   Wovon handelt also die Aufgabe?
3. Was ist gesucht?
4. Was ist gegeben?
5. Welche Grundaufgabe der Prozentrechnung muss angewendet werden?

   Sind P und G gegeben, dann $\mathbf{p\% = \frac{P}{G}}$.

   Sind G und p% bekannt, dann $\mathbf{P = G \cdot p\%}$.

   Sind P und p% gegeben, dann $\mathbf{G = P : p\%}$.
6. Führe die Rechnung aus.
7. Überlege, ob die berechnete Größe bereits das Endergebnis ist.
8. Kontrolliere das Ergebnis.
9. Schreibe einen Antwortsatz.

Beispiel

1. Aufgabentext:
   Frau Böttcher erhält beim Kauf eines Kleides einen Rabatt von 25 %. Das Kleid kostet jetzt nur noch 135 €. Wie viel hat sie am Kleid gespart?
2. *Rabatt ist ein Preisnachlass vom ursprünglichen Preis (Verkaufspreis). Der ursprüngliche Preis ist der Grundwert G mit 100 %. Der Endpreis ist daher kleiner als 100 % (verminderter Grundwert).*
3. *Gesparter Betrag*
4. *25 % Rabatt*
   135 € Endpreis
5. $P = 135$ €
   Weil der Endpreis um 25 % kleiner als der Einkaufspreis ist, gilt:
   $p\,\% = 100\,\% - 25\,\% = 75\,\%$
   $p\,\% = 75\,\%$

   Da P und p % gegeben sind, muss gerechnet werden:
   $G = P : p\,\%$
6. $G = 135\text{ €} : 0{,}75$
   $G = 13\,500\text{ €} : 75 = 180\text{ €}$
7. Gesucht ist der gesparte Betrag (Rabatt in €). Berechnet ist der Verkaufspreis. Also gilt:
   Verkaufspreis – Endpreis = gesparter Betrag
   $180\text{ €} - 135\text{ €} = \underline{\underline{45\text{ €}}}$
8. Man kann das Ergebnis durch Nachrechnen überprüfen. Günstiger ist es hier, eine andere Kontrollrechnung durchzuführen:
   25 % Rabatt ist ein Viertel des Grundwertes G (100 %). Ein Viertel von 180 € ergibt 45 €. Dieser Wert stimmt mit dem ausgerechneten Wert überein.
9. *Frau Böttcher hat 45 € gespart.*

Löse die folgenden Aufgaben zur Übung so ausführlich wie in dem Beispiel. Später kannst du das Verfahren abkürzen.

1.
Beim Kauf im Supermarkt erhält Herr Müller 15 % Rabatt auf alle Waren. Er musste 246,50 € bezahlen. Wie viel € hat er bei diesem Einkauf gespart?

2.*
Im Schlussverkauf werden die Preise gesenkt. Auf dem Preisschild für einen Mantel steht der alte Preis mit 245 € und der neue mit 196 €. Um wie viel Prozent wurde der Preis gesenkt? Wie hoch war also der Rabatt?

3.*
Auf eine Jacke, die mit 198 € ausgezeichnet war, wurde ein Rabatt von 30 % gewährt. Wie hoch ist also der Endpreis?

Was ist Skonto?

Im Geschäftsleben spielt neben Rabatt noch der Preisnachlass **Skonto** eine Rolle. Auch er erzeugt, wie der Rabatt, einen verminderten Grundwert:

Endpreis: 100 % – p %	Rabatt: p %

Verkaufspreis: G = 100 %

Endpreis: 100 % – p %	Skonto: p %

Rechnungsbetrag: G = 100 %

Bei den folgenden Aufgaben sollst du nur die Teile 3–7 des Lösungsplanes bearbeiten:

4.
Eine Firma gibt 3 % Skonto auf eine Rechnung über 4500 €. Wie groß ist der Endpreis?

5.

Ein Sportverein erhält für neue Lederbälle eine Rechnung mit dem Rechnungsbetrag von 280 €. Ihm wird Skonto eingeräumt, so dass er nur 266 € zu zahlen braucht. Wie viel Prozent Skonto erhält er?

6.*

Herr Huber hat beim Begleichen einer Rechnung 24,60 € gespart. Er erhielt 3 % Skonto. Wie hoch war die Rechnung und wie groß der Endpreis?

So hängen Einkaufspreis, Verkaufspreis und Gewinn zusammen:

Einkaufspreis: G = 100 %	Gewinn: p %

Verkaufspreis: 100 % + p %

Verkaufspreis: 100 % – p %	Verlust: p %

Einkaufspreis: G = 100 %

7.*

Ein Händler hat beim Verkauf einer Ware 12 % verloren. Er musste die Ware für 26,40 € verkaufen. Wie groß ist der Verlust?

8.

Bei einer anderen Ware erzielt der Händler dagegen einen Gewinn von 12 %. Er verkauft die Ware für 33,60 €. Wie groß ist sein Gewinn?

9.

Lennart hat beim Kauf von Briefmarken 6,25 € gespart, der Händler gewährte ihm 5 % Rabatt. Wie viel Euro musste er bezahlen? Wie hoch wäre der reguläre Abgabepreis für die Briefmarken gewesen?

10.

Juwelier Keune musste eine Perlenkette auf 170 € reduzieren. Wie groß war sein Verlust, wenn er beim Verkauf 15 % verloren hat?

Tipp

In den folgenden Aufgaben geht es um **Zunahme** bzw. **Abnahme** von Stimmenzahlen bzw. Einwohnerzahlen. Diese Begriffe haben in der Prozentrechnung die gleiche Bedeutung wie die vom **Kaufen** und **Verkaufen**. Du musst sie jetzt nur richtig übertragen, um die entsprechenden Aufgaben lösen zu können.

11.
Bei der Wahl hat eine Partei 760 Stimmen hinzugewonnen, das waren 3,8 %. Wie viele Stimmen erhielt demnach die Partei vorher?

12.
Eine andere Partei verlor dagegen 920 Stimmen. Ihr Stimmenanteil ging damit um 4,6 % zurück. Wie viele Stimmen entfielen früher auf diese Partei?

13.
Die Einwohnerzahl eines Ortes betrug zu Anfang des Jahres 4500 Personen. Am Ende des Jahres waren es nur noch 4365. Um wie viel Prozent hat die Bevölkerung abgenommen?

14.
In einem anderen Ort stieg die Einwohnerzahl von 8200 Personen auf 8323. Wie groß war hier die prozentuale Zunahme?

So rechnest du mit Netto- und Bruttogewicht:

Waren werden fast immer im verpackten Zustand verkauft. Das Gesamtgewicht, das so entsteht, heißt auch **Bruttogewicht**. Das **Nettogewicht** gibt dagegen das Gewicht der reinen Ware an.

Nettogewicht: 100 % – p %	Verpackungsgewicht: p %

Bruttogewicht: G = 100 %
(Gesamtgewicht)

Tipp

In manchen Aufgaben kommen die Ausdrücke Nettogewicht, Bruttogewicht und Verpackungsgewicht nicht direkt vor. Sie sind durch andere Ausdrücke ersetzt, die aber das Gleiche bedeuten. Du musst sie zum Lösen der Aufgabe richtig „übersetzen“.

15.
Ein Glas mit Rotkohl wiegt 850 g. Das Füllgewicht für den Rotkohl beträgt 748 g. Wie viel Prozent entfällt auf die Verpackung?

16.
Eine Kiste mit Apfelsinen wiegt 24 kg. Das Gewicht der Kiste macht 10 % aus. Wie viel kg Apfelsinen befinden sich demnach in der Kiste?

17.*
Auf einem Glas mit Gewürzgurken ist das Füllgewicht mit 650 g angegeben. Wie schwer ist das Glas mit den Gurken, wenn man 15 % für die Verpackung rechnet?

18.*
Auf einer Kiste mit Maschinenteilen steht: Bruttogewicht 840 kg, Nettogewicht 720 kg. Wie viel Prozent entfällt auf die Verpackung?

19.*
Vor dem Anziehen wiegt Christian 58,2 kg, danach bringt er 60 kg auf die Waage. Wie viel Prozent seines Gewichts entfällt auf die Kleidung?

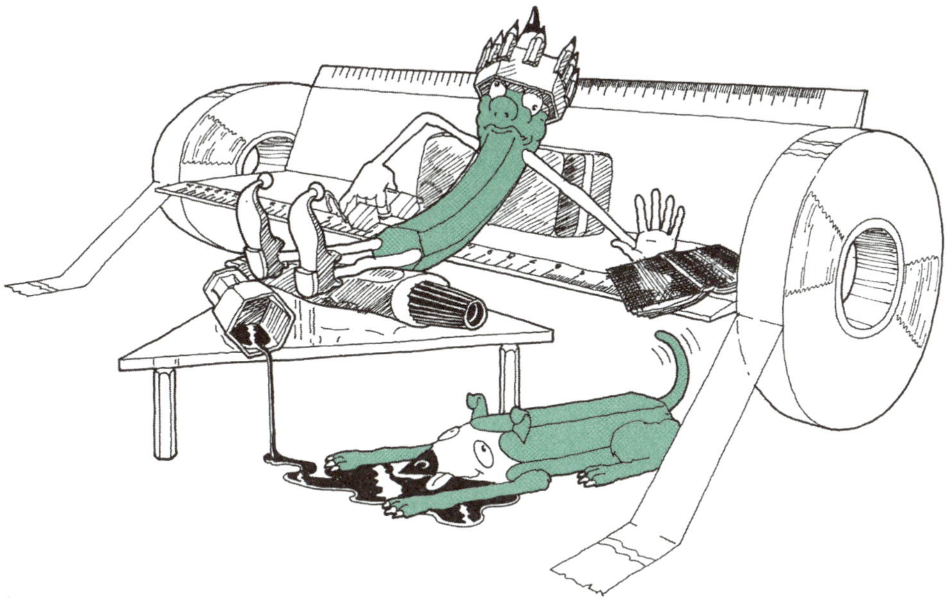

Suche den Grundwert

Beim Lösen von Aufgaben der Prozentrechnung dreht sich alles um den **Grundwert G = 100 %**. Prozentsatz p % und Prozentwert P beziehen sich auf den Grundwert. Es ist daher schon eine große Lösungshilfe, wenn man über den Grundwert in einer Aufgabe etwas aussagen kann.

1.

a) **Unterstreiche jeweils den Grundwert:**
Endpreis – Rabatt – Verkaufspreis
Bruttogewicht – Verpackungsgewicht – Nettogewicht
Einkaufspreis – Gewinn – Verkaufspreis
Verlust – Einkaufspreis – Verkaufspreis
Skonto – Endpreis – Rechnungsbetrag

b) Du kannst jeweils diese drei Begriffe von a) in Form einer Gleichung schreiben und ihre Prozentgrößen angeben. Beginne immer mit dem Grundwert G:
Beispiel: *Verkaufspreis – Rabatt = Endpreis*
100 % – p% = 100 % – p%

Tipp Löse die folgenden Aufgaben so:
1. Grundwert G unterstreichen
2. Arbeite nach dem Lösungsplan.

2.
Der Fahrradhändler hat ein Fahrrad für 420 € gekauft und für 504 € verkauft. Wie viel Prozent gewinnt er?

3.
Die Fahrradfabrik liefert die Fahrräder verpackt. Im verpackten Zustand wiegt ein Fahrrad 18 kg. Wie schwer ist ein Fahrrad, wenn die Verpackung 8 % ausmacht?

4.
Für Auslaufmodelle gibt der Fahrradhändler einen Rabatt von 25 %. Olaf spart auf diese Weise beim Fahrradkauf 117 €. Wie teuer war sein Fahrrad ursprünglich?

Der Grundwert kann wechseln

In einer Aufgabe kann durch verschiedene Fragestellungen der Grundwert wechseln.

Beispiel

Auf einer Fischkonserve steht:
Gesamtgewicht: 450 g   Füllmenge: 400 g   Fischeinlage: 280 g

a) Wie viel Prozent der Fischkonserve sind Verpackung?
Grundwert → Gesamtgewicht

b) Wie viel Prozent der Füllmenge entfallen auf die Fischeinlage?
Grundwert → Füllmenge

1.
Löse die Aufgaben a) und b).

2.
Ein Angestellter verdient monatlich 2500 €. Die Lebenshaltungskosten betragen für ihn 1700 €. 800 € der Lebenshaltungskosten müssen für die Wohnungsmiete aufgebracht werden.
a) Wie viel Prozent des Gehalts sind Lebenshaltungskosten?
b) Wie viel Prozent der Lebenshaltungskosten müssen für Miete aufgebracht werden?
c) Gib auch an, wie viel Prozent die Miete vom Gehalt ausmacht.

3.
Evas Schule besuchen 640 Schüler. 350 von ihnen sind Mädchen. 120 Mädchen sind Fahrschülerinnen.
a) Wie viel Prozent der Schüler sind Mädchen?
b) Wie viel Prozent der Mädchen sind Fahrschülerinnen?
c) Berechne den Prozentanteil der Fahrschülerinnen an der Schule insgesamt.

Mischaufgaben – Dreisatz und Prozentrechnung

In manchen Aufgaben der Prozentrechnung sind mehrere verschiedene **Grundaufgaben** enthalten. Dies ist bei der Mischrechnung der Fall. Hier lässt sich als Lösungshilfe das **Zerlegen** einer umfassenden Aufgabe in **Teilaufgaben** anwenden.

So kannst du Mischaufgaben lösen:

1. Zerlege die Gesamtaufgabe in solche Teilaufgaben, die Grundaufgaben der Prozentrechnung sind.
2. Gib von den Teilaufgaben an, was gegeben und was gesucht ist.
3. Löse die Aufgaben.

Beispiel Eine Firma stellt zwei Sorten Fruchtsaftgetränke her. In der ersten Sorte beträgt der Fruchtsaftgehalt 15 %, in der zweiten 25 %. Es werden 20 l von der ersten mit 30 l von der zweiten Sorte gemischt. Wie groß ist der Fruchtsaftgehalt im Mischgetränk?

Du kannst diese Aufgabe in folgende **Grundaufgaben** zerlegen:

a) Wie viel Fruchtsaft ist in der ersten Sorte enthalten?
$G = 20\ l$ und $p\,\% = 15\ \%$ sind gegeben;
gesucht ist P

b) Wie viel Fruchtsaft befindet sich in der zweiten Sorte?
$G = 30\ l$ und $p\,\% = 25\ \%$ sind gegeben;
gesucht ist P

c) Wie groß ist der Fruchtsaftgehalt im Mischgetränk?
$20\ l + 30\ l = 50\ l$ ist der neue Grundwert G.
P der ersten Sorte plus P der zweiten Sorte ergibt den neuen Prozentwert P;
gesucht ist jetzt $p\,\%$.

Du siehst, Aufgabe c) lässt sich erst dann rechnen, wenn du a) und b) gelöst hast.

1.
Berechne jetzt die Aufgabenteile a), b) und c).

2.

Im „Teehus“ wird Vanilletee gemischt: 10 kg von der ersten Sorte mit 8 % Vanillearoma werden mit 15 kg von der zweiten Sorte mit 5 % Vanillearoma verschnitten. Wie hoch ist der Aromaanteil in der hergestellten Mischung?
Zerlege auch hier die Aufgabe in die Teile a), b) und c).

Tipp

Auch die folgende Aufgabe enthält drei Grundaufgaben. Die Größen, die zur ersten Teilaufgabe gehören, sind einfach, die zur zweiten gestrichelt und die zur dritten geschlängelt unterstrichen.
Schreibe die Grundaufgaben heraus und löse sie.

3.

Großmutter hat zwei Sorten Marmelade gekocht. In der ersten Sorte sind 30 % Erdbeeren, in der zweiten Sorte 40 % Erdbeeren. Sie mischt 2 kg von der ersten Sorte mit 3 kg von der zweiten Sorte. Wie groß ist jetzt der Prozentanteil der Erdbeeren in der Mischung?

4.*

Es stehen zwei Säurelösungen zur Verfügung:
3 l Lösung mit 40 % Säuregehalt und 5 l mit 20 % Säuregehalt. Die Säurelösungen werden miteinander vermischt. Wie groß ist jetzt der prozentuale Säureanteil in der Mischung?
Unterstreiche die zu jeweils einer Grundaufgabe gehörenden Größen. Schreibe die Grundaufgaben auf und löse sie.

5.*

Eine Firma verwendet verschiedene Metalllegierungen. In einer Legierung beträgt der Kupfergehalt 15 %, in einer anderen 25 %. Es werden 80 kg der ersten mit 40 kg der zweiten Legierung verschmolzen. Wie hoch ist der Prozentanteil des Kupfers in der neuen Legierung?

6.*

Im Labor sind drei Säurelösungen vorhanden: die erste mit 10 % Säureanteil, die zweite mit 15 % und die dritte mit 20 %. Es wird eine Mischung hergestellt aus 3 l der ersten, 5 l der zweiten und 8 l der dritten Lösung. Welchen Säuregehalt hat die neue Lösung?

7.*

Es sollen 80 kg Kupferlegierung mit 20 % Kupferanteil hergestellt werden. Man nimmt 50 kg mit 30 % Kupfergehalt. Welchen prozentualen Kupfergehalt müssen die fehlenden 30 kg haben?

a) Wie viel kg reines Kupfer befinden sich in den 80 kg der Legierung und wie viel in den 50 kg?

b) Wie viel kg reines Kupfer müssen sich also noch in den 30 kg befinden, damit der Kupfergehalt der 80-kg-Legierung gedeckt wird?

c) Mit dem Wert von b) lässt sich der Prozentsatz des Kupfergehalts der 30-kg-Legierung berechnen.

8.*

Eine Süßwarenfabrik will 120 kg Schokolade mit einem Kakaoanteil von 30 % herstellen. Sie nimmt 80 kg Schokoladenmasse mit 40 % Kakaoanteil. Wie viel Prozent Kakaoanteil muss die restliche Schokoladenmasse besitzen?
Rechne wie in Aufgabe 7.

9.*

Ein Mixgetränk soll 20 % Alkohol enthalten. Man will 150 l herstellen und nimmt zunächst 120 l mit 15 % Alkohol. Wie viel Prozent Alkohol muss die restliche Menge besitzen?

5 Zinsrechnung

Jahreszinsen Z

Die Zinsrechnung ist eine angewandte Prozentrechnung. Du findest die Grundaufgaben der Prozentrechnung in der Zinsrechnung wieder.
Im ersten Abschnitt geht es immer um Zinsen, die sich auf ein Jahr beziehen. Diese **Jahreszinsen Z** müssen von **Zinsen Z_t für kürzere Zeitspannen** unterschieden werden. Solche Zinsen spielen im zweiten Abschnitt eine Rolle.

So kannst du die Begriffe der Prozentrechnung auf die Zinsrechnung übertragen:

Prozentrechnung		**Zinsrechnung**
Grundwert G = 100 %	→	Kapital (Kredit) K
Prozentsatz p %	→	Zinssatz p %
Prozentwert P	→	Jahreszinsen Z
$G \cdot p\% = P$	→	$K \cdot p\% = Z$

Beispiel Timo hat am Anfang eines Jahres 4500 € auf dem Sparbuch. Sein Sparguthaben wird mit $2\frac{1}{2}$ % verzinst. Wie groß sind die Jahreszinsen?

Tipp **Gehe bei der Berechnung von Z so vor:**

1. Wie groß ist K? → $K = 4500\ €$
2. Welchen Wert hat p %? → $p\% = 2\frac{1}{2}\ \%$
3. Berechne $Z = K \cdot p\%$ → $Z = 4500\ € \cdot 2\frac{1}{2}\ \%$
→ $= 4500\ € \cdot \frac{2{,}5}{100} = 112{,}50\ €$

Ergebnis:
Timo erhält 112,50 € Jahreszinsen.

1.
Die Bank hat Frau Wippermann einen Kredit von 25 000 € gewährt. Das Geld wird mit 8 % verzinst. Wie groß sind die Zinsen nach einem Jahr?

2.
Ein Darlehen von 12 500 € wird mit 4 % verzinst. Wie groß sind die Jahreszinsen?

3.
Berechne die Jahreszinsen für folgende Sparguthaben:

a) 17 200 €; $3\frac{1}{2}$ %
b) 2850 €; 4 %
c) 840 €; 8 %
d) 672 €; 5 %
e) 18 000 €; 2 %
f) 70 €; $2\frac{1}{2}$ %

4.
Malermeister Augenstein hat für die Erweiterung seines Betriebes zwei Kredite aufgenommen, einen über 250 000 € zu $3\frac{1}{2}$ % und den zweiten mit 150 000 € zu $3\frac{3}{4}$ %.

a) Wie hoch sind die anfallenden Jahreszinsen insgesamt?

b) Wie hoch ist jetzt der zusätzliche Kostenanteil pro Monat?

5.
Guido hat neben seinem Sparbuch noch ein zweites von seinen Großeltern bekommen. Auf seinem Sparbuch hat er 3240 € angespart. Es wird mit $2\frac{3}{4}$ % verzinst. Das zweite Sparbuch wird sogar mit $3\frac{1}{4}$ % verzinst. Es weist ein Guthaben von 2500 € auf.

a) Wie viel Zinsen erhält er jährlich?

b) Reichen die Zinsen für den Kauf einer neuen Kamera für 120 €?

Kapital K – Zinssatz p %

Beispiel Julia freut sich über 243 € Jahreszinsen, die sie für ihr Sparguthaben bekommen hat. Wie groß ist ihr Sparguthaben, wenn die Sparkasse 3 % Zinsen gibt?

Tipp Berechne das Kapital K so:

1. Wie groß ist Z?
2. Welchen Wert hat p %?
3. Rechne K = Z : p %

Rechnung:

1. Z = 243 €
2. $p\,\% = 3\,\% = \frac{3}{100} = 0{,}03$
3. $K = 243\,€ : \frac{3}{100} = \frac{243\,€ \cdot 100}{3} = 8100\,€$

Julias Sparguthaben beträgt 8100 €.

Beispiel Herr Ziegenhorn hat einem Kollegen 12 000 € geliehen. Der Kollege zahlt ihm im Jahr 600 € Zinsen. Wie hoch ist der Zinssatz?

Berechne den Zinssatz p % so:

1. Welchen Wert hat K?
2. Wie groß ist Z?
3. Rechne p % = Z : K

Rechnung:

1. K = 12 000 €
2. Z = 600 €
3. $p\,\% = 600\,€ : 12\,000\,€ = 0{,}05 = \frac{5}{100} = 5\,\%$

Herr Ziegenhorn erhält einen Zinssatz von 5 %.

Hier sind die drei Grundaufgaben der Zinsrechnung zusammengefasst:

Beachte dabei: Z bezeichnet die Jahreszinsen.

$$Z = K \cdot p\,\%$$

↙ ↘

$$K = Z : p\,\% \qquad p\,\% = Z : K$$

1.

Wie groß ist das Kapital eines Geschäftsmannes, wenn er 7200 € Jahreszinsen erhält und die Bank $4\frac{1}{2}$ % Zinsen zahlt?

2.

Wie groß sind hier die Sparguthaben?

a) Z = 420 €; $3\frac{1}{2}$ %

b) Z = 180 €; 2,5 %

c) Z = 8,75 €; $2\frac{1}{2}$ %

d) Z = 1000 €; 8 %

e) Z = 482 €; 4 %

f) Z = 1680 €; 6 %

3.

Herr Siebart nimmt ein Baudarlehen von 25 000 € auf. Er muss für dieses Darlehen jährlich 2125 € Zinsen bezahlen. Welchen Zinssatz verlangt die Bank?

4.

Berechne auch hier die Zinssätze:

a) Darlehen: 1200 €, Zinsen: 132 €

b) Kredit: 14 500 €, Zinsen: 275,50 €

c) Sparguthaben: 7500 €, Zinsen: 187,50 €

d) Geliehener Betrag: 6400 €, Zinsen: 320 €

5.

a) Wie hoch sind die Jahreszinsen, wenn 6500 € mit 4 % verzinst werden?

b) Ermittle das Sparguthaben, das bei 5 % Verzinsung 125,50 € Jahreszinsen bringt.

c) Mit welchem Zinssatz wurden 2400 € verzinst, wenn die Jahreszinsen 264 € betragen?

Zinsen Z_t für kleinere Zeitspannen

Häufig müssen die Zinsen für kürzere Zeitspannen als ein Jahr berechnet werden. Diese kürzeren Zeitspannen kann man in Bruchteile eines Jahres umrechnen. Man erhält so die **Zeitfaktoren t**.

So kannst du Zinsen Z_t für kleinere Zeitspannen berechnen:

1 Jahr = 360 Tage

1 Monat = 30 Tage

Zeitfaktoren t:

für 1 Tag	$t = \frac{1}{360}$	für 1 Monat	$t = \frac{30}{360} = \frac{1}{12}$
für n Tage	$t = \frac{n}{360}$	für n Monate	$t = \frac{n \cdot 30}{360} = \frac{n}{12}$
für 1 Jahr	$t = \frac{360}{360} = 1$		

Die Zinsen Z_t für Bruchteile eines Jahres lassen sich so berechnen:

$Z_t = Z \cdot t$

wobei t der Zeitfaktor und Z die Jahreszinsen sind.

Beachte Zinssätze p % beziehen sich, wenn nichts anderes angegeben ist, immer auf ein ganzes Jahr.

Beispiel 45 000 € werden mit $3\frac{1}{2}$ % für 10 Monate verzinst. Wie hoch sind die Zinsen? Die Jahreszinsen brauchst du nicht gesondert zu berechnen.

Tipp **Gehe beim Berechnen der Zinsen Z_t so vor:**

1. Wie groß ist K? → $K = 45\,000$ €
2. Welchen Wert hat p %? → $p\,\% = 3\frac{1}{2}\,\% = 3{,}5\,\%$
3. Wie groß ist die Zeitspanne → 10 Monate
   und der Zeitfaktor t? → $t = \frac{10}{12} = \frac{5}{6}$
4. Berechne $Z_t = K \cdot p\,\% \cdot t$ → $Z_t = 45\,000\text{ €} \cdot \frac{3{,}5}{100} \cdot \frac{5}{6} = 1312{,}50\text{ €}$

Die Zinsen für 10 Monate betragen 1312,50 €.

1.
Ein Kapital von 72 000 € wird mit 4 % verzinst.

a) Berechne wie bisher die Jahreszinsen Z.

b) Wie groß sind die Zinsen Z_t für einen Tag?

Bedenke, dass 1 Tag $\frac{1}{360}$ von einem Jahr ist. Deshalb können die Zinsen Z_t auch nur $\frac{1}{360}$ der Jahreszinsen Z sein. Also gilt:

$Z_t = Z \cdot \frac{1}{360}$

c) Ermittle die Zinsen für 45 Tage.

d) Wie groß sind die Zinsen Z_t für einen Monat? Bestimme den entsprechenden Zeitfaktor t.

e) Berechne die Zinsen für 5 Monate.

Da man sich in vielen Aufgaben nicht für die Jahreszinsen Z interessiert, rechnet man die Zinsen Z_t direkt aus: $Z_t = K \cdot p\,\% \cdot t$

2.
30 000 € werden mit 6 % verzinst. Berechne die Zinsen für

a) 1 Jahr b) 1 Tag c) 110 Tage d) 1 Monat e) 7 Monate

f) $\frac{1}{4}$ Jahr (3 Monate) g) $\frac{1}{2}$ Jahr h) $\frac{3}{4}$ Jahr

3.
Welche Zinsen muss Herr Huber bezahlen, wenn er sich 4800 € für 5 Monate geliehen hat und die Bank $6\frac{1}{2}$ % Zinsen verlangt?

4.
Welche Zinsen fallen jeweils an, wenn

a) 6 000 € zu 4 % für 45 Tage,

b) 12 000 € zu $8\frac{1}{2}$ % für 11 Monate,

c) 48 000 € zu 3 % für $\frac{1}{4}$ Jahr

verzinst werden?

Weitere Aufgaben mit Z_t

Zusammenfassung der Grundaufgaben:

$$Z_t = Z \cdot t$$

$$Z_t = K \cdot p\% \cdot t$$

$$K = \frac{Z_t}{p\% \cdot t} \qquad p\% = \frac{Z_t}{K \cdot t}$$

Beispiel Ein Kapital soll nach 5-monatiger Verzinsung bei 4 % 2000 € Zinsen bringen. Wie groß muss dieses Kapital sein?

Tipp **Berechne das Kapital K so:**

1. Wie groß ist p %?
2. Welchen Wert hat Z_t?
3. Welche Zeitspanne wird verzinst?
4. Ermittle den Zeitfaktor t.
5. Rechne $K = \frac{Z_t}{p\% \cdot t}$

Rechnung:

1. $p\% = 4\% = 0{,}04$ 2. $Z_t = 2000$ € 3. 5 Monate

4. $t = \frac{5}{12}$

5. $K = \frac{Z_t}{p\% \cdot t} = \frac{2000\text{ €}}{0{,}04 \cdot \frac{5}{12}} = \frac{2000\text{ €} \cdot 12}{0{,}04 \cdot 5} = 120\,000\text{ €}$

Das Kapital muss eine Größe von 120 000 € haben.

Beispiel

Herr Müller verleiht 2000 € für 10 Monate. Er lässt sich für diesen Zeitraum 100 € Zinsen geben. Welche Verzinsung ist das?

Tipp

Rechne p % so aus:
1. Wie groß ist K?
2. Welchen Wert hat Z_t?
3. Wie groß ist die Zeitspanne?
4. Bestimme den Zeitfaktor t.
5. Berechne $p\,\% = \frac{Z_t}{K \cdot t}$

Rechnung:

1. K = 2000 €   2. Z_t = 100 €   3. 10 Monate

4. $t = \frac{10}{12} = \frac{5}{6}$
5. $p\,\% = \frac{100\text{ €}}{2000\text{ €} \cdot \frac{5}{6}} = \frac{100\text{ €} \cdot 6}{2000\text{ €} \cdot 5} = 0{,}06 = 6\ \%$

Das Kapital wurde mit 6 % verzinst.

1.

Welches Sparguthaben bringt nach einem $\frac{3}{4}$ Jahr 1500 € Zinsen, wenn es mit 3 % verzinst wird?

2.

Hier soll jeweils das Kapital bestimmt werden, das

a) 500 € nach 200 Tagen bei 6 %,
b) 1200 € nach 2 Monaten bei 5 %,
c) 2400 € nach 150 Tagen bei 8 %

Zinsen erbringt.

3.

Eine Bank bietet Kurzdarlehen an. Für 1000 € Darlehen nimmt sie für einen Monat 10 € Zinsen. Berechne den Zinssatz.

4.

Welchen Zinssatz müsste man jeweils nehmen, wenn man

a) für 9600 € in 3 Monaten 180 €,
b) für 7200 € in 50 Tagen 100 €

Zinsen haben möchte?

Lösungsplan 3 – Vermischte Aufgaben zur Zinsrechnung

Wie du gesehen hast, sind die Aufgaben der Zinsrechnung mit denen der Prozentrechnung verwandt. Daher ähnelt der Lösungsplan 3 für das Bearbeiten von Aufgaben der Zinsrechnung stark dem Lösungsplan 2, den du in der Prozentrechnung kennen gelernt hast.

Lösungsplan 3

1. Lies die Aufgabe gründlich durch.
2. Welcher Sachverhalt wird in der Aufgabe dargestellt?
   Handelt es sich um eine Aufgabe der Prozentrechnung oder der Zinsrechnung?
   Aufgaben der Prozentrechnung löst du nach Lösungsplan 2.
3. Was ist gesucht?
4. Was ist gegeben?
5. a) Werden in der Aufgabe Jahreszinsen Z oder Zinsen Z_t für Bruchteile eines Jahres angesprochen?
   b) Entscheide, welche Grundaufgabe der Prozentrechnung du anwenden musst.

Bei Jahreszinsen Z:

Sind K und p% gegeben → $Z = K \cdot p\%$
Sind Z und p% gegeben → $K = Z : p\%$
Sind K und Z gegeben → $p\% = Z : K$

Bei Zinsen Z_t:

Hier musst du aus der gegebenen Zeitspanne zunächst den Zeitfaktor t berechnen

Sind K, p% und t gegeben → $Z_t = K \cdot p\% \cdot t$
Sind K, Z_t und t gegeben → $p\% = \frac{Z_t}{K \cdot t}$
Sind Z_t, p% und t gegeben → $K = \frac{Z_t}{p\% \cdot t}$

6. Führe die Rechnung aus.
7. Überlege, ob die berechnete Größe bereits das Endergebnis ist.
8. Kontrolliere das Ergebnis.
9. Schreibe einen Antwortsatz.

Beispiel

1. Tim hat auf seinem Sparbuch am Anfang des Jahres 1800 €. Das Sparguthaben wird mit 3 % verzinst. Nach 4 Monaten werden die Zinsen auf 4 % erhöht. Wie viel Zinsen erhält Tim nach Ablauf des Jahres?

2. Es liegt eine Aufgabe der Zinsrechnung vor.

3. Zinsen

4. Sparguthaben von 1800 €;
für 4 Monate 3 % und für den Rest des Jahres (8 Monate) 4 %.

5. a) Es müssen Zinsen Z_t für Bruchteile eines Jahres berechnet werden.

   b) Für 4 Monate ist der Zeitfaktor

   $t = \frac{4}{12} = \frac{1}{3}$,

   für 8 Monate ergibt sich

   $t = \frac{8}{12} = \frac{2}{3}$.

   Da K = 1800 €, p % = 3 % bzw. 4 % und $t = \frac{1}{3}$ bzw. $\frac{2}{3}$ gegeben sind, muss gerechnet werden:

   $Z_t = K \cdot p\% \cdot t$.

6. Für 4 Monate:
$Z_t = 1800\ € \cdot 0{,}03 \cdot \frac{1}{3}$
$Z_t = 18\ €$

   Für 8 Monate:
$Z_t = 1800\ € \cdot 0{,}04 \cdot \frac{2}{3}$
$Z_t = 48\ €$

7. 18 € + 48 € = 66 € sind die Gesamtzinsen.

8. Das einfache Nachrechnen der Aufgabe kannst du durch folgende Aufgabe ersetzen:
Die 1800 € werden mit 3 % für das ganze Jahr verzinst. Zusätzlich verzinst man die 1800 € für die letzten 8 Monate mit 1 %.
Führe diese Rechnung in deinem Heft aus. Erhältst du ebenfalls 66 € als Gesamtzinsen?

9. Tim erhält für sein Sparguthaben 66 € Zinsen.

Löse die folgenden Aufgaben zur Übung so ausführlich wie in diesem Beispiel. Du brauchst aber nicht alle Stationen des Lösungsplanes zu notieren.

1.
Henning hat auf seinem Sparbuch 2400 €. In den ersten 3 Monaten des Jahres erhielt er 4 % Zinsen. Dann setzte die Bank den Zinssatz auf 3 % fest. Wie viel Zinsen erhielt Henning am Ende des Jahres?

2.
Die Bank hat Herrn Biel einen Kredit von 60000 € eingeräumt. Er muss 8 % Zinsen zahlen. Nach 7 Monaten erhöht die Bank den Zinssatz auf 10 %. Wie groß sind die Gesamtzinsen in einem Jahr?

3.
Ein Geschäftsmann leiht sich für 100 Tage 20000 €. Die Bank nimmt 6 % Zinsen. Wie viel Euro muss der Geschäftsmann zurückzahlen?

4.
Auf Julias Sparbuch sind 4200 €. In den ersten 5 Monaten des Jahres bekommt sie 3 % Zinsen, dann erhöht die Bank auf 4 %. Am Ende des Jahres lässt Julia sich die Zinsen auf ihr Sparbuch übertragen. Wie groß ist jetzt ihr Sparguthaben?

5.*
Frau Ziegenhorn erhält von der Bank ein Darlehen von 30000 €, das sie mit 6 % verzinsen muss. Nach $\frac{1}{2}$ Jahr erhöht die Bank den Zinssatz auf 8 %. Wie groß sind die Gesamtschulden von Frau Ziegenhorn einschließlich der Zinsen nach einem Jahr?

6.
Auf Herrn Beckers Konto befinden sich 5000 €, die mit 4 % verzinst werden. Nach 7 Monaten zahlt Herr Becker weitere 2000 € auf sein Konto ein. Wie groß ist sein Gesamtguthaben am Ende des Jahres einschließlich der Zinsen?

7.
Berechne für dieses Konto das neue Guthaben zuzüglich der Zinsen nach einem Jahr: Kontostand zu Beginn des Jahres 4000 €, nach 3 Monaten Einzahlung von 3000 € und nach weiteren 2 Monaten Einzahlung von 2000 €. Der Zinssatz beträgt 8 %.

8.*

Dieses Konto verändert sich so:
Das Guthaben beträgt am Anfang des Jahres 8000 €. Nach 4 Monaten werden 5000 € eingezahlt und nach weiteren 3 Monaten 3000 € abgehoben. Der Zinssatz beträgt 6 %. Wie hoch ist der Kontostand mit den Zinsen nach einem Jahr?

9.*

Mit diesem Geschäftskonto geht es bergab. Zu Anfang des Jahres waren es noch 30 000 €. Nach 2 Monaten mussten 5000 € abgehoben werden, nach weiteren 3 Monaten sogar 10 000 € und 1 Monat später gar 12 000 €. Wie hoch ist der Kontostand am Ende des Jahres unter Einschluss der Zinsen, wenn der Zinssatz 5 % beträgt?

10.

Aus einem Kapital ist am Ende eines Jahres einschließlich der Zinsen ein Betrag von 8480 € geworden. Das Kapital wurde mit 6 % verzinst. Wie groß war das Anfangskapital zu Beginn des Jahres?

Bedenke, dass gilt:

Anfangskapital G = 100 %	Zinsen p %

Endkapital: 100 % + p %

11.

Olafs Sparguthaben ist am Ende des Jahres einschließlich der Zinsen auf 4200 € angewachsen. Er erhält 5 % Zinsen. Wie groß war sein Guthaben am Anfang des Jahres?

12.

Ein Sparguthaben wurde ein halbes Jahr lang zu 6 % verzinst. Es wuchs in dieser Zeit mit den Zinsen auf 2575 € an. Wie groß war das Guthaben zu Anfang?

13.

Das Kapital eines Geschäftsmannes wuchs in $\frac{3}{4}$ Jahren bei 8 % Verzinsung zu einem Endkapital von 63 600 €. Wie groß war das Anfangskapital?

14.

Anna hat sich 2000 € geliehen. Sie zahlt nach 3 Monaten 2100 € zurück. Wie hoch war das geliehene Geld verzinst? Berechne zunächst die Zinsen, die sie für 3 Monate bezahlt hat.

15.
Eine Schuld wächst innerhalb von 5 Monaten von 8000 € auf 8500 € an. Wie hoch wurde dieses Geld verzinst?

16.
Herr Sander musste für 8 Monate einen Kredit von 12 000 € aufnehmen. Er zahlte 13 000 € zurück. Welche Verzinsung ist das?

Was sind Hypotheken?

Darlehen, die zum Bau oder Kauf eines Hauses gegeben werden, heißen **Hypotheken**.

17.
Ein Bauherr hat für den Bau seines Hauses zwei Hypotheken aufgenommen, die erste Hypothek über 80 000 € zu $7\frac{1}{2}$ % und die zweite Hypothek über 50 000 € zu $9\frac{1}{2}$ %. Welche monatlichen Kosten ergeben sich aus den Hypothekenzinsen?

18.*
Herr Wandtke hat sein Haus mit zwei Hypotheken belastet. Die erste Hypothek umfasst 30 000 € zu $6\frac{1}{2}$ %, die zweite 50 000 € zu 9 %. Er möchte beide Hypotheken durch eine so ersetzen, dass er für die neue die gleichen Jahreszinsen zu bezahlen hat, wie für die beiden alten. Welchen Zinssatz müsste die neue Hypothek haben?

19.*
Auf Herrn Dahlkes Haus lastet eine Hypothek von 90 000 € zu 9 %. Er besitzt noch ein Kapital von 100 000 €. Zu welchem Prozentsatz müsste er dieses Kapital verzinsen, damit seine Zinsen die Hypothekenzinsen ausgleichen?

Anwendungsaufgaben zur Prozentrechnung und Zinsrechnung

Tipp Denke beim Lösen dieser Aufgaben an die Lösungspläne 1, 2 und 3. Wenn du also beim Bearbeiten einer Aufgabe Schwierigkeiten hast, solltest du systematisch nach einem dieser Lösungspläne vorgehen.

1.

Ein Geschäftsmann kann eine Ware für 8000 € einkaufen und für 9000 € verkaufen. Wie viel Prozent verdient er?

2.

a) Herr Müller hat sich ein Auto für 25 000 € gekauft. Er muss es nach einem halben Jahr für 17 000 € verkaufen. Wie viel Prozent hat er verloren?

b) Hätte Herr Müller die 25 000 € bei einer Bank eingezahlt, so wären sie mit 5 % verzinst worden. Auf welchen Betrag wäre sein Kapital dann nach einem halben Jahr angewachsen?

3.*

a) Auf einer Weinflasche steht: Inhalt 0,7 l, Alkoholgehalt 12 %. Wie viel l reiner Alkohol befindet sich in dieser Flasche?

b) Zur Herstellung einer Bowle wird einer Flasche Wein 0,5 l Fruchtsaft zugefügt. Wie viel Prozent Alkohol enthält diese Bowle?

Beachte:
Die Menge des reinen Alkohols hat sich beim Herstellen der Bowle nicht verändert. Verändert hat sich aber der Grundwert. Wie groß ist er jetzt?

4.

a) In einem Erfrischungsgetränk beträgt der Fruchtsaftanteil 15 %. Wie viel Fruchtsaft befindet sich in 2,5 l Erfrischungsgetränk?

b) Das Erfrischungsgetränk wird mit 0,5 l Wasser verdünnt. Wie hoch ist jetzt der Prozentsatz des Fruchtsaftanteils?

5.

a) Herr Redecker hat zwei Hypotheken. Die erste Hypothek über 60 000 € wird mit 9 % verzinst, die zweite über 90 000 € mit 7 %. Wie hoch ist seine Zinsbelastung im Jahr?

b) Herr Redecker möchte die beiden Hypotheken durch eine ersetzen, die die gleiche Zinsbelastung wie die beiden zusammen hat. Mit welchem Zinssatz müsste sie verzinst werden?

c) Welches Kapital würde bei 5 % Verzinsung im Jahr die gleichen Zinsen erbringen?

6.

a) Ein Bauunternehmer hat zwei Kredite aufgenommen. Für den ersten Kredit über 8000 € muss er 12 % Zinsen und für den zweiten über 15 000 € 8 % Zinsen bezahlen. Wie viel Zinsen muss er im Jahr bezahlen?

b) Beide Kredite sollen durch einen ersetzt werden, der aber die gleiche Zinsbelastung wie beide zusammen besitzt. Wie groß müsste die Verzinsung sein?

c) Welches Kapital bringt bei 6 % Verzinsung die gleichen Zinsen?

7.*

a) So veränderte sich Dirks Sparkonto:
Am Anfang des Jahres besaß er 1500 € Guthaben. Nach 2 Monaten konnte er 800 € einzahlen. Nach weiteren 3 Monaten kamen noch einmal 500 € hinzu. Jedoch nach weiteren 4 Monaten hob er 1000 € ab.
Wie viel Zinsen wurden ihm nach Ablauf eines Jahres gutgeschrieben, wenn die Sparkasse 3 % Zinsen gab?

b) Welches Sparguthaben erzielte innerhalb eines Jahres bei 3 % Verzinsung die gleichen Zinsen?

8.

a) Jonas hat zu Beginn des Jahres auf seinem Sparbuch 4000 €. Nach 3 Monaten zahlt er 500 € ein. Nach weiteren 4 Monaten hebt er 1000 € ab und schließlich kann er nach weiteren 2 Monaten wieder 600 € einzahlen. Er erhält 4 % Zinsen. Wie groß sind seine Zinsen am Ende des Jahres?

b) Wie groß muss ein Sparguthaben sein, das bei 4 % Verzinsung die gleichen Jahreszinsen erbringt?

9.

a) Herr Grubert will ein Haus bauen. Es ist auf 320 000 € veranschlagt. So verteilen sich die Kosten:

Maurerarbeiten:	140 000 €
Dachdeckerarbeiten:	70 000 €
Kosten für Installation:	50 000 €

Der Rest der Baukosten entfällt auf Eigenleistungen. Welche Prozentsätze ergeben die einzelnen Baukosten?

b) Durch Kostensteigerungen erhöhen sich alle Ausgaben um 8 %. Wie groß sind nun die einzelnen Kosten?

10.*

a) Frau Koch verdient monatlich 2500 €. 800 € braucht sie für Heizung und Miete, 300 € für Versicherung und Auto. 1200 € entfallen auf Lebenshaltungskosten, den Rest spart sie. Berechne für die einzelnen Ausgaben die Prozentsätze.

b) Frau Koch erhält eine Gehaltserhöhung von 4 %. Wie viel € könnte sie jetzt jeweils ausgeben, wenn sie die Gehaltserhöhung gleichmäßig auf alle Ausgaben verteilen würde?

c) Frau Koch entschließt sich, die gesamte Gehaltserhöhung zu sparen. Wie viel Euro spart sie und welcher Prozentsatz ist das vom neuen Gehalt?

Bedenke: Das neue Gehalt ist jetzt Grundwert.

11.*

Herr Rieger kommt guter Laune vom Schlussverkauf nach Hause. Er berichtet seiner Frau, dass er beim Anzugkauf nur 90 € bezahlt und dabei 30 € gespart habe. Er rechnet ihr vor: „Bei 90 € habe ich 30 € gespart, das ist ein Drittel vom Preis, also 33,3 %."

Seine Frau lächelt nur: „Deine Rechnung ist leider falsch. Du hast genau 25 % gespart."

Kannst du helfen? Wer von beiden hat Recht?

€90
YOUNG
FASHION

6 Lineare Gleichungen

Lösen von linearen Gleichungen durch Äquivalenzumformungen

Bei vielen Textaufgaben ist das Hauptproblem, den richtigen Ansatz zu finden. Die Sprache, in der der Aufgabentext vorliegt, ist meist nicht geeignet, die Lösung zu ermitteln. Gut geeignet ist dagegen die Sprache der Algebra, in die wir den Aufgabentext übertragen können und die dann eine gute Lösungshilfe darstellt. Häufig führen Textaufgaben auf lineare Gleichungen mit einer Variablen, die üblicherweise mit x bezeichnet wird. Du sollst hier üben, wie man derartige Gleichungen löst.

So löst du lineare Gleichungen:

Gleichungen wie $x + 3 = 7$,
$2x - 5 = 3x + 9$ oder auch
$(x + 2) \cdot 6 - 15 = 8x - 3 \cdot (2x + 1)$
nennt man **lineare Gleichungen**.

Zur Bestimmung der Lösungsmenge wird die Gleichung **äquivalent umgeformt**, bis die Lösung abgelesen werden kann. Durch äquivalente Umformungen ändert sich die Lösungsmenge der Gleichung nicht. Als äquivalente Umformungen sind erlaubt:

- **Addition** oder **Subtraktion** derselben rationalen Zahl oder desselben Terms auf beiden Seiten der Gleichung
- **Multiplikation** oder **Division** beider Seiten mit derselben rationalen Zahl, ausgenommen der Null

Beispiel

1.
$$\begin{aligned} 6x - 11 &= 4x + 3 &&\mid -4x &&\text{Subtraktion des Terms } 4x\\ 2x - 11 &= 3 &&\mid +11 &&\text{Addition der Zahl } 11\\ 2x &= 14 &&\mid :2 &&\text{Division durch die Zahl } 2\\ x &= 7 &&\text{also } L = \{7\} \end{aligned}$$

2.
$$\begin{aligned} 2 - 2x &= 4x + 5 &&\mid +2x &&\text{Addition des Terms } 2x\\ 2 &= 6x + 5 &&\mid -5 &&\text{Subtraktion der Zahl } 5\\ -3 &= 6x &&\mid :6 &&\text{Division durch die Zahl } 6\\ -\tfrac{1}{2} &= x &&\text{also } L = \left\{-\tfrac{1}{2}\right\} \end{aligned}$$

Merke

Ziel der Umformungen ist es, so zu sortieren, dass die Terme **mit** x auf einer Seite der Gleichung stehen und diejenigen **ohne** x auf der anderen Seite.

1.

Löse wie in den Beispielen:

a) $7x - 15 = 4x + 3$ b) $12x + 8 = 21 - x$ c) $5 + 9x = 6x + 11$

d) $53 - 17x = 62 - 20x$ e) $41x - 39 = 23x - 33$ f) $12x + 5 = 5 - x$

2.

Bestimme die Lösungsmenge:

a) $10x + 19 = 8x - 17$ b) $5{,}6x - 7{,}3 = 2{,}2 + 1{,}8x$ c) $\frac{3}{4}x + \frac{1}{2} = 1\frac{1}{4}$

d) $6{,}3x - 4{,}6 = 8 + 3{,}15x$ e) $142 + 83x = 30 - x$ f) $2\frac{5}{6} - \frac{2}{3}x = 4\frac{1}{6}$

Beachte Oft sind die Gleichungen komplizierter gebaut, das heißt, es kommen auch aufwendigere Terme (z. B. mit Klammern) vor. Durch elementare Termumformungen lassen sich diese Gleichungen vereinfachen und dann lösen.

Beispiel:

$4x - 7 + 2(3x + 10) = 3(2x + 5) - 6$		Klammern ausmultiplizieren
$4x - 7 + 6x + 20 = 6x + 15 - 6$		Zusammenfassen
$10x + 13 = 6x + 9$	$\mid -6x$	x-Terme auf eine Seite
$4x + 13 = 9$	$\mid -13$	Zahlen auf die andere Seite
$4x = -4$	$\mid :4$	
$x = -1$		

Hier ist es sinnvoll, eine **Probe** durchzuführen. Dazu setzen wir die ermittelte Lösung in die **ursprüngliche,** d. h. **nicht umgeformte,** Gleichung ein.

$$-4 - 7 + 2(-3 + 10) = 3(-2 + 5) - 6$$
$$-11 + 2 \cdot 7 = 3 \cdot 3 - 6$$
$$-11 + 14 = 9 - 6$$
$$3 = 3$$

Schließlich notieren wir die Lösungsmenge:

$L = \{-1\}$

So kannst du die Lösungsmenge der Gleichungen bestimmen:

1. Vereinfachen:
   – Klammern auflösen
   – ggf. zusammenfassen
2. Sortieren:
   – durch äquivalente Umformungen erreichen, dass auf der einen Seite nur Terme mit x stehen, auf der anderen Seite nur Zahlen
3. x berechnen
4. Probe durchführen
5. Lösungsmengen notieren

3.

a) $10 - 3x + 2(5x - 2) = 7(x + 5) - 3x - 5$

b) $13(2x - 1) - (x + 23) = 7x$

c) $2(7x - 2) - 11x = 5(2x - 5)$

d) $3(4x + 3) - 7x = 6(2 + 4x) - 25x$

e) $3(2 + 7x) - 2 - 9x = 11(2 + x) + 4x$

f) $7(2x - 3) = 6(x - 2) - 3(2x + 3)$

4.

Löse die Gleichungen. Führe sie zunächst auf lineare Gleichungen zurück.

a) $x^2 + 1 = x^2 - 2x - 1$

b) $3x^2 + 5 = x(3x - 8) + 9$

c) $(x + 4) \cdot (x - 5) = x^2 - 12$

d) $(x + 3)^2 = x^2 + 11x$

e) $(x - 6) \cdot (x + 6) = x(x + 9)$

f) $x - 3x^2 + 4 = (2 - 3x) \cdot x$

g) $x^2 = (2x - 3)(x + 1) - x^2$

h) $(x - 7)(x + 11) = (x - 5)(x + 5)$

Zahlenrätsel

Die Zahlenrätsel sind von allen Textaufgaben die einfachsten, da du dir über den dargestellten Sachverhalt keine Gedanken zu machen brauchst. Es geht dabei nämlich immer nur um Zahlen. Mit Zahlenrätseln lernst du, wie man den Text einer Aufgabe in die Sprache der Algebra übersetzen und die Aufgabe dadurch lösen kann.

Merke Zum Übersetzen des Aufgabentextes ist es wichtig, diejenigen Wörter zu erkennen, die eine Rechenart oder andere mathematische Sachverhalte beschreiben, die so genannten **Signalwörter:**

z. B.: „Addiert man 13" oder „6faches einer Zahl"

Beispiel Addiert man 13 zum 6fachen einer rationalen Zahl, so ergibt sich dasselbe, als wenn man das 11fache der Zahl um 2 vermindert.
Wir wollen die gesuchte Zahl mit x bezeichnen. Dann lassen sich die Signalwörter unserer Aufgabe folgendermaßen übersetzen:

Signalwörter	Term
addiert man 13	13 + oder +13
6faches einer Zahl	$6 \cdot x$
dasselbe wie	=
11faches der Zahl	$11 \cdot x$
um 2 vermindert	-2

Die algebraische Übersetzung unserer Aufgabe lautet also:

$13 + 6x = 11x - 2$

Bestimme die Lösungsmenge.

1.

Gib für die Signalwörter Terme an. Setze dabei für jede unbekannte Zahl x.

a) um 7 vergrößert

b) eine um 7 vergrößerte Zahl

c) das 7fache der Zahl

d) der siebte Teil einer Zahl

e) verkleinert man eine Zahl um 7

f) um 7 vermindert

g) das Quadrat einer Zahl

h) das Doppelte einer Zahl

i) das Doppelte der um 7 vergrößerten Zahl

j) versiebenfacht man

2.

Vermindert man das 7fache einer Zahl um 5, so erhält man dasselbe, als wenn man das 6fache der Zahl um 3 erhöht.

a) Lies den Aufgabentext aufmerksam durch und unterstreiche darin die Signalwörter.

b) Schreibe die Signalwörter heraus und übersetze sie.

c) Schreibe die zugehörige Gleichung auf und löse sie.

Tipp

Bearbeite die folgenden Aufgaben so:

- Unterstreiche die Signalwörter.
- Schreibe die Signalwörter heraus und übersetze sie.
- Stelle die zur Aufgabe gehörige Gleichung auf.
- Löse die Gleichung.

3.*

a) Vergrößert man 15 um das 4fache einer rationalen Zahl, so erhält man dasselbe, als wenn man 5 um das 6fache dieser Zahl vergrößert.

b) Wird das 5fache einer Zahl um 3 vermindert, so ergibt sich das Dreifache der Zahl, wenn man 9 dazu addiert.

c) Wenn man von 3 das Fünffache einer bestimmten Zahl subtrahiert, erhält man das Gleiche, als wenn man das 15fache der Zahl von 13 subtrahiert.

d) Wird die Hälfte einer Zahl um 1 vermindert, so ergibt sich die um 2 vergrößerte Zahl.

e) Das Vierfache einer um 4 vergrößerten Zahl ist gleich dem Dreifachen der um 8 vergrößerten Zahl.

f) Das 7fache einer um 2 vergrößerten Zahl ist gleich dem 3fachen der Zahl, vermindert um 10.

Beachte

Mitunter ist es nicht sofort abzulesen, welche Signalwörter des Textes dem Gleichheitszeichen in der algebraischen Übersetzung entsprechen. Bisher traten für das Gleichheitszeichen Verschlüsselungen auf wie

„man erhält dasselbe (das Gleiche)“,

„es ergibt sich …“

oder einfach „… ist gleich …“.

Bei den folgenden Aufgaben musst du zunächst überlegen, wo im Text das Gleichheitszeichen versteckt ist.

Beispiel

Das Dreifache einer Zahl ist um 5 kleiner als die um 9 vergrößerte Zahl.

Die gesuchte Zahl sei x.
Es lässt sich leicht übersetzen:

	das Dreifache einer Zahl	$3 \cdot x$
und	die um 9 vergrößerte Zahl	$x + 9$.

Wie erhalten wir aber eine Gleichung?

Bei der Formulierung „ist um 5 kleiner“ überlegen wir so:
$3 \cdot x$ ist um 5 kleiner als $x + 9$.

Zum **Ausgleich** müssen wir von $x + 9$ **5 subtrahieren,** dann sind die beiden Seiten gleich.
Die zur Aufgabe gehörige Gleichung lautet also: $3x = x + 9 - \mathbf{5}$

4.

a) Bestimme x aus der Gleichung $3x = x + 9 - 5$

b) Den Unterschied „$3x$ ist um 5 kleiner als $x + 9$“ kannst du auch dadurch ausgleichen, dass du zu $3x$ die **5 addierst.** Wie lautet dann die zugehörige Gleichung? Löse sie.

5.

Übersetze die folgenden Aufgabentexte in eine Gleichung und löse sie.

a) Vermindert man das 4fache einer Zahl um 7, so ist das Ergebnis um 3 kleiner als das 5fache der Zahl.

b) Die Summe aus dem Doppelten einer Zahl und 11 ist um 6 größer als die Zahl selbst.

Altersrätsel

Merke Beim Lösen von Altersrätseln musst du darauf achten, dass du die verschiedenen Zeitebenen genau auseinander hältst, denn häufig wird das Alter von Personen zu verschiedenen Zeitpunkten verglichen.

Beispiel Ein Vater ist jetzt doppelt so alt wie sein Sohn. Vor 10 Jahren war er dreimal so alt wie dieser. Wie alt sind die beiden heute?

1. Lösungsweg mit zwei Variablen x und y

1. Wir führen Bezeichnungen ein: *Alter des Vaters* x
Alter des Sohnes y

Dabei soll das **heutige Alter** gemeint sein.
Das Alter der beiden **vor 10 Jahren** ist dann: *Vater* $x - 10$
Sohn $y - 10$

Aus dem Aufgabentext lesen wir die beiden **Beziehungen** ab:
heute: Vater doppelt so alt wie Sohn: $x = 2y$
vor 10 Jahren: Vater dreimal so alt wie Sohn: $x - 10 = 3(y - 10)$
Diese Überlegungen können wir übersichtlicher in einer Tabelle darstellen:

	heute	vor 10 Jahren
Vater	x	$x - 10$
Sohn	y	$y - 10$
Beziehung	$x = 2y$	$x - 10 = 3(y - 10)$

2. Aus den zwei Gleichungen mit zwei Variablen machen wir eine Gleichung mit einer Variablen, indem wir für x den Term 2y einsetzen und erhalten:

$$2y - 10 = 3(y - 10)$$
$$2y - 10 = 3y - 30 \quad |-2y$$
$$-10 = y - 30 \quad |+30$$
$$20 = y$$

Somit ist $x = 2y = 2 \cdot 20 = 40$.

3. Wir überprüfen das Ergebnis: *Vor 10 Jahren war der Sohn 20 − 10 = 10 Jahre und der Vater 40 − 10 = 30 Jahre alt. 30 ist das Dreifache von 10.*

4. Wir formulieren den Antwortsatz: *Der Sohn ist jetzt 20 Jahre, der Vater 40 Jahre alt.*

1.

Frau Kingreen ist heute viermal so alt wie ihre Tochter Sarah. In 4 Jahren wird sie nur noch dreimal so alt wie Sarah sein.

a) Unterstreiche im Aufgabentext die wichtigen Informationen, übersetze sie und trage sie in die Tabelle ein:

	heute	in 4 Jahren
Frau K.	x	
Sarah	y	
Beziehung		

b) Mache aus den beiden Beziehungsgleichungen eine Gleichung (Einsetzen) und löse sie. Schreibe das Alter von Mutter und Tochter auf.

c) Überprüfe das Ergebnis am Text.

d) Formuliere einen Antwortsatz.

Tipp

Löse die Aufgaben wie folgt:

- Lies den Text aufmerksam durch und unterstreiche die wichtigen Informationen.
- Übersetze die Informationen und trage sie in eine Tabelle ein.
- Stelle aus den Beziehungen eine Gleichung auf und löse sie.
- Überprüfe dein Ergebnis am Text.
- Formuliere den Antwortsatz.

2.

a) Herr Eggers ist heute fünfmal so alt wie Oliver. In 6 Jahren wird er nur noch dreimal so alt sein.

b) Henning ist 4 Jahre älter als sein Bruder Olaf. In 3 Jahren wird er doppelt so alt wie Olaf sein.

c) Petra ist 8 Jahre jünger als ihre Cousine Karola. In 2 Jahren wird Karola doppelt so alt sein wie Petra.

d) Heute ist Frau Vogel dreimal so alt wie Nicole. Vor 7 Jahren waren beide zusammen 50 Jahre alt.

Bei den bisherigen Aufgaben haben wir zunächst immer zwei Variablen benutzt. Wie du im Folgenden sehen kannst, kommt man jedoch auch mit einer Variablen aus. Wir betrachten noch einmal das Einführungsbeispiel zu diesem Kapitel.

Beispiel Ein Vater ist jetzt doppelt so alt wie sein Sohn. Vor 10 Jahren war er dreimal so alt wie dieser. Wie alt sind die beiden heute?

2. Lösungsweg mit einer Variablen

1. Wir legen fest: *x sei das heutige Alter des Sohnes.*
   (Es ist häufig günstiger, das Alter der jüngeren Person mit x zu bezeichnen. Dadurch lassen sich Bruchzahlen vermeiden. Du darfst es aber gern auch einmal umgekehrt probieren.)

   In eine Tabelle werden die dem Text entnommenen Beziehungen übertragen:

	heute	vor 10 Jahren
Sohn	x	$x-10$
Vater	$2x$	$2x-10$
Beziehung		Vater vor 10 J. 3-mal Sohn vor 10 J. $2x-10=3(x-10)$

2. Wir lösen die Beziehungsgleichung und erhalten:

$$
\begin{aligned}
2x-10 &= 3(x-10) \\
2x-10 &= 3x-30 \qquad |-2x \\
-10 &= x-30 \qquad |+30 \\
20 &= x
\end{aligned}
$$

Das ist das heutige Alter des Sohnes. Dann ist der Vater $2x = 40$ Jahre alt.

3. Wir überprüfen das Ergebnis:
   Vor 10 Jahren war der Sohn 20 − 10 = 10 Jahre und der Vater 40 − 10 = 30 Jahre alt. 30 ist das Dreifache von 10.

4. Wir formulieren den Antwortsatz:
   Der Sohn ist jetzt 20 Jahre, der Vater 40 Jahre alt.

Tipp

Löse die Aufgaben so:

- Lies den Text aufmerksam durch und unterstreiche die wichtigen Informationen.
- Trage die Übersetzungen in eine Tabelle ein. Bezeichne das Alter der jüngeren Person mit x.
- Stelle die Beziehungsgleichung auf und löse sie.
- Überprüfe das Ergebnis am Text.
- Formuliere einen Antwortsatz.

3.

a) Matthias ist 10 Jahre älter als Sonja. Vor 22 Jahren war er doppelt so alt wie sie.

b) Martin und Christiane sind zusammen 12 Jahre alt. Vor 4 Jahren war Christiane dreimal so alt wie Martin.

c) Heute ist Frau Kaiser zehnmal so alt wie Carolin. In 6 Jahren wird sie nur noch viermal so alt sein.

d) In 6 Jahren wird Herr Nentwig viermal so alt wie Konstantin sein. Heute sind beide zusammen 43 Jahre alt.

4.*

Überlege vorher, ob du lieber mit einer oder zwei Variablen rechnen willst.

a) Frau Berkle ist dreimal so alt wie Inga. Vor 8 Jahren war sie noch fünfmal so alt.

b) Herr Brückner und seine Tochter Merle sind zusammen 48 Jahre alt. In 4 Jahren wird er dreimal so alt sein wie sie.

c) Philipp ist viermal so alt wie Pascal. In 4 Jahren wird er nur noch doppelt so alt wie Pascal sein.

d) Herr Heilshorn ist dreimal so alt wie Tobias. Vor 5 Jahren waren beide zusammen 38 Jahre alt.

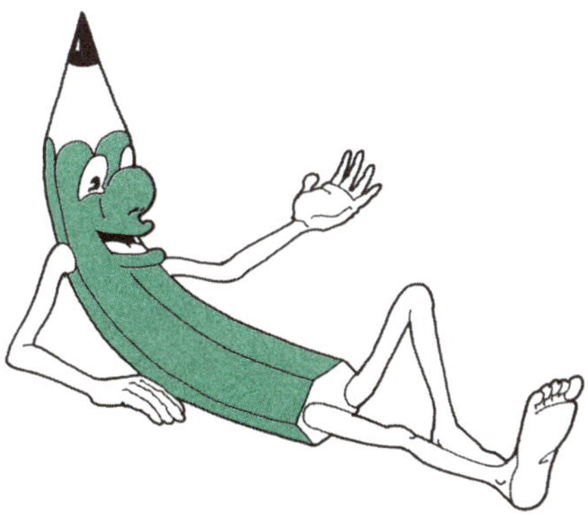

Aus der Geometrie

In diesem Kapitel geht es darum, fehlende Seiten oder Winkel an geometrischen Figuren zu berechnen. Dazu ist es wichtig, dass du dir noch einmal die entsprechenden Formeln für Flächeninhalt, Umfang und Winkelsumme klarmachst.

Diese Formeln musst du können:

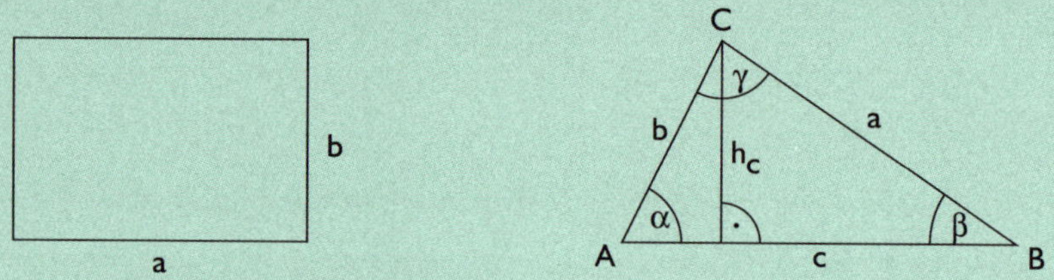

Flächeninhalt: Rechteck: $A = a \cdot b$ Dreieck: $A = \frac{1}{2} c \cdot h_c = \frac{1}{2} a \cdot h_a = \frac{1}{2} b \cdot h_b$

Umfang: Rechteck: $u = 2a + 2b$ Dreieck: $u = a + b + c$

Winkelsumme: Viereck: 360° Dreieck: 180°

Beispiel Ein Rechteck besitzt den Umfang u = 50 cm. Eine Seite ist um 6 cm länger als die andere. Wie lang sind die Seiten?

Diese Aufgabe kannst du auf zwei verschiedene Weisen lösen. Entweder benutzt du zwei Variablen oder nur eine.

1. Wir führen Bezeichnungen ein:

	Zwei Variablen:	**Eine Variable:**
	1. Seite: a	Kürzere Seite: a
	2. Seite: b	Längere Seite: a + 6

Die dem Text entnommenen Informationen tragen wir in eine Tabelle ein und übersetzen sie:

Umfang	$50 = 2a + 2b$	$50 = 2a + 2(a + 6)$
1. Seite 6 cm länger als 2.	$a = b + 6$	–
Beziehung	$50 = 2(b + 6) + 2b$	$50 = 2a + 2(a + 6)$

2. Wir lösen die Beziehungsgleichung:

$50 = 2(b + 6) + 2b$		$50 = 2a + 2(a + 6)$	
$50 = 2b + 12 + 2b$		$50 = 2a + 2a + 12$	
$50 = 4b + 12$	$\vert -12$	$50 = 4a + 12$	$\vert -12$
$38 = 4b$	$\vert :4$	$38 = 4a$	$\vert :4$
$9{,}5 = b$		$9{,}5 = a$	
Folglich ist		die längere Seite	
$a = b + 6 = 15{,}5$		$a + 6 = 15{,}5$	

3. Wir überprüfen das Ergebnis:

$2a + 2b = 2 \cdot 9{,}5 + 2 \cdot 15{,}5$	$2 \cdot 9{,}5 + 2 \cdot 15{,}5$
$= 19 + 31 = 50$	$= 19 + 31 = 50$

4. Der Antwortsatz lautet:
   Das Rechteck hat die Seiten 9,5 cm und 15,5 cm.

1.

Bei einem Rechteck ist eine Seite 4 cm kürzer als die andere. Das Rechteck hat den Umfang 36 cm. Wie lang sind die Seiten?

Löse wie im Beispiel. Überlege vorher, ob du eine oder zwei Variablen verwenden möchtest.

2.

Ein gleichschenkliges Dreieck besitzt einen 28 cm langen Umfang. Die Grundseite ist 2 cm kürzer als jeder Schenkel. Wie lang sind die Seiten?

a) Fertige eine Skizze an.

b) Entscheide, wie viele Variablen du benötigst und löse dann die Aufgabe.

3.

In einem gleichschenkligen Dreieck ist jeder Basiswinkel um 30° größer als der Scheitelwinkel. Wie groß sind die Winkel?

a) Trage in die Skizze die notwendigen Bezeichnungen ein.

b) Berechne die Winkelgrößen. Bedenke, dass alle drei Winkel zusammen 180° ergeben müssen.

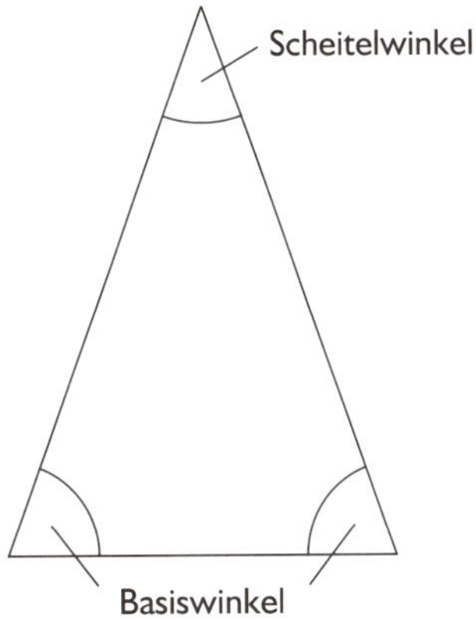

4.

Wie groß sind die Winkel eines gleichschenkligen Dreiecks, wenn der Scheitelwinkel 42° größer als jeder Basiswinkel ist?

5.

Das Dreieck hat den Umfang 30 cm. Die zweite Seite ist 2 cm länger als die erste, die dritte Seite 5 cm kürzer als die erste Seite. Wie lang sind die drei Seiten?

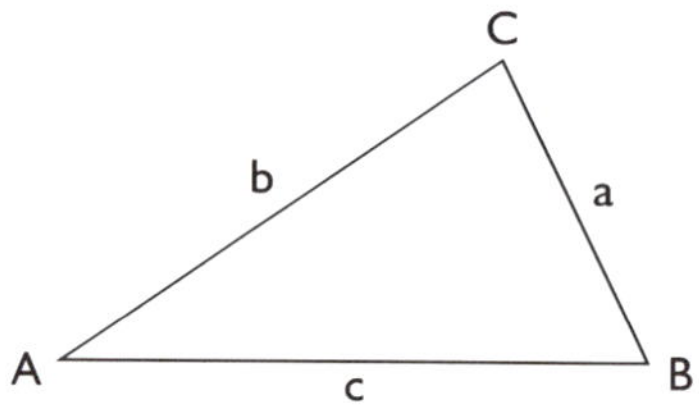

a) Bezeichne die drei Seiten mit a, b und c. Drücke die Seiten b und c durch Terme aus, in denen nur a als Variable auftaucht. Fülle dazu die Tabelle aus.

	Term
1. Seite	a
2. Seite	b = ________
3. Seite	c = ________
Umfang	a + b + c = 30
	a + ________ + ________ = 30

b) Bestimme nun a.

c) Wie lauten dann b und c?

d) Mache die Probe und formuliere einen Antwortsatz.

6.

Du kannst dieselbe Aufgabe auch dadurch lösen, dass du wieder nur eine Variable benutzt. Lege eine entsprechende Tabelle an. Erhältst du die Beziehungsgleichung von Aufgabe 5.?

7.

Von einem Dreieck kennt man den Umfang u = 45 cm. Ferner ist eine Seite doppelt so lang wie eine andere und 7 cm länger als die dritte. Bestimme die Seitenlängen. Entscheide vorher, ob du eine oder mehrere Variablen benutzen willst.

8.

In einem Dreieck ist der zweite Winkel um 25° größer als der erste und der dritte Winkel um 19° kleiner als der erste Winkel. Wie groß sind die Winkel?

Tipp

Manche Aufgaben sind komplizierter gebaut. Du solltest sie zunächst in **Teilaufgaben** zerlegen und dann die einzelnen Teile lösen.

9.

Ein Rechteck besitzt die Seiten a = 6 cm und b = 10 cm. Es soll in ein flächengleiches Rechteck verwandelt werden, dessen eine Seite a′ = 7,5 cm ist. Wie lang ist die andere Seite b′?

Du kannst diese Aufgabe in die folgenden Teilaufgaben zerlegen:

a) Wie groß ist der Flächeninhalt des ersten Rechtecks?

b) Welchen Flächeninhalt besitzt daher das zweite Rechteck?

c) Wie lang ist seine zweite Seite?

Löse die drei Teilaufgaben.

10.

Zerlege die Aufgaben in Teilaufgaben und löse dann:

a) Welches Rechteck mit a = 8 cm besitzt den gleichen Flächeninhalt wie das Quadrat mit 6 cm Seitenlänge?

b) Ein Rechteck ist gegeben durch a = 15 cm und b = 22 cm. Welches Rechteck mit a′ = 20 cm hat denselben Umfang?

c) Welche Seiten besitzt das Rechteck, das denselben Umfang hat wie ein Quadrat mit der Seite a = 12 cm und dessen eine Seite um 4 cm länger als die andere ist?

11.

Im Kleingartenverein „Dicke Möhre e. V.“ wurde eine bisher nicht genutzte Fläche an die angrenzenden Parzellenbesitzer verteilt. Gartenfreund Rübsaat erhält zu seinem bisher 15 m breiten und 25 m langen Garten noch 75 m^2 Land hinzu. Wie lang ist sein Garten jetzt, wenn sich an der Breite nichts geändert hat?

12.*

Fliesenleger Fugenlos hatte für einen 2,40 m mal 3,50 m großen Badezimmerfußboden Bodenfliesen der Sorte „Traum der Karibik“ bestellt. Nach dem Verlegen behält er noch 0,96 m^2 Fliesen übrig. Beim Nachmessen zeigt sich, dass er vorher zwar die Breite, nicht aber die Länge des Badezimmers richtig gemessen hatte. Wie lang ist das Zimmer wirklich?

Verteilungsaufgaben

Beachte Beim Lösen dieser Aufgabe kannst du wieder **eine** oder **mehrere** Variablen benutzen.

Beispiel Onkel Bill aus Amerika hat den Familien Kleinschmidt, Mittermeier und Großklaus zusammen eine Summe von 90000 \$ hinterlassen. In seinem Testament hat er festgelegt, dass Familie Kleinschmidt doppelt so viel wie Familie Mittermeier und Familie Mittermeier dreimal so viel wie Familie Großklaus erben soll. Wie viel erhält jede Familie?

1. Lösungsweg: (mehrere Variablen)

1. Wir führen Bezeichnungen ein:
   Erbschaft von Familie Kleinschmidt: x
   Erbschaft von Familie Mittermeier: y
   Erbschaft von Familie Großklaus: z

   Dem Aufgabentext können wir Beziehungen entnehmen, die wir durch die Variablen ausdrücken. Zur besseren Übersicht stellen wir dies tabellarisch dar:

   Hierbei ist es besonders günstig, mit der **kleinsten** Summe zu beginnen, weil du dann die rechte Spalte der Tabelle leichter ausfüllen kannst.

Großklaus	z	z
Mittermeier	y	$y = 3z$
Kleinschmidt	x	$x = 2y = 6z$
Gesamtsumme	$x + y + z = 90000$	$6z + 3z + z = 90000$

2. Wir lösen die Beziehungsgleichung, die nur noch eine Variable (hier z) enthält, auf:
   $$6z + 3z + z = 90000$$
   $$10z = 90000 \quad |:10$$
   $$z = 9000$$
   Dann lassen sich auch die übrigen Summen ermitteln:
   $y = 3z = 27000, \quad x = 2y = 54000.$

3. Wir überprüfen das Ergebnis:
   $54000 + 27000 + 9000 = 90000.$

4. Der Antwortsatz lautet:
   Familie Kleinschmidt erbt 54000 \$, Familie Mittermeier 27000 \$ und Familie Großklaus 9000 \$.

1.
In einer Tüte befinden sich 130 Gummibärchen. Sie sollen so aufgeteilt werden, dass Tobias 10 Bärchen mehr erhält als Maren und Maren 15 mehr als Kristina. Wie viele Gummibärchen erhält jedes Kind?

a) Führe Bezeichnungen ein und trage ihre Beziehungen in eine Tabelle ein. Beginne möglichst mit der kleinsten Zahl.

b) Löse die Beziehungsgleichung. Berechne danach die Anzahl der Gummibärchen für jedes einzelne Kind.

c) Überprüfe dein Ergebnis.

d) Formuliere einen Antwortsatz.

2.
Herr Burgdorf hat ein 2 m langes Heizungsrohr gekauft. Er zerschneidet es in drei unterschiedlich lange Stücke. Dabei soll ein Rohr doppelt so lang sein wie das kürzeste und ein anderes um 20 cm länger als das kürzeste. Wie lang sind die einzelnen Rohrstücke?

3.
Martin und Heike haben aus dem Urlaub eine 48 cm lange Salami mitgebracht. Da sie am Wochenende Gäste erwarten, schneiden sie ein Stück ab und legen es in den Kühlschrank. Ein zweites Stück, das halb so groß ist wie das erste, sollen Heikes Eltern bekommen. Das letzte Stück, das um 4 cm kürzer ist als das zweite, ist für Martins Großmutter. Wie lang sind die einzelnen Stücke?

4.
Nils, Lars und Jens haben eine Tippgemeinschaft gegründet. Sie kaufen jede Woche gemeinsam ein Los einer Lotterie. Am letzten Wochenende haben sie 87,50 € gewonnen. Entsprechend der beim Loskauf gezahlten Einsätze erhält Nils doppelt so viel wie Lars und Jens doppelt so viel wie Nils. Mit welchem Betrag kann jeder der drei rechnen?

Merke Natürlich kannst du derartige Aufgaben auch lösen, wenn du nur eine Variable, meistens x, benutzt. Hierbei ist es für die Rechnung einfacher, wenn du die **kleinste** Zahl mit x bezeichnest und dann die weiteren Beziehungen davon ableitest. Als Beispiel für dieses Vorgehen lösen wir Aufgabe 4. noch einmal.

Beispiel **Aufgabe:**

Nils, Lars und Jens haben eine Tippgemeinschaft gegründet. Sie kaufen jede Woche gemeinsam ein Los einer Lotterie. Am letzten Wochenende haben sie 87,50 € gewonnen. Entsprechend der beim Loskauf gezahlten Einsätze erhält Nils doppelt so viel wie Lars und Jens doppelt so viel wie Nils. Mit welchem Betrag kann jeder der drei rechnen?

2. Lösungsweg: (eine Variable)

1. Wir bezeichnen mit x den **geringsten** Gewinn, das ist der von Lars. Daraus ergeben sich alle anderen Beziehungen, wie du aus der Tabelle ersehen kannst:

Lars	x	
Nils	$2x$	(doppelt so viel wie Lars)
Jens	$2(2x) = 4x$	(doppelt so viel wie Nils)
Gesamtsumme	$x + 2x + 4x = 87{,}50$	

2. Wir lösen die Beziehungsgleichung:

$$\begin{aligned} x + 2x + 4x &= 87{,}50 \\ 7x &= 87{,}50 \quad |:7 \\ x &= 12{,}50 \end{aligned}$$

Dies ist der Anteil von Lars. Dann erhält Nils $2 \cdot 12{,}50$ € = 25 € und Jens $2 \cdot 25$ € = 50 €.

3. Die Probe ergibt:

12,50 € + 25 € + 50 € = 87,50 €.

4. Antwort: *Von dem Gewinn erhält Lars 12,50 €, Nils 25 € und Jens 50 €.*

5.

Karola, Sabine und Bettina haben gemeinsam Wolle zum Stricken bestellt. Die Gesamtrechnung beläuft sich auf 115 €. Wie viel muss jede bezahlen, wenn Sabine doppelt so viel Wolle wie Bettina und Karola für 11 € mehr als Bettina nimmt?

6.

Herr Berkle, Herr Peters und Herr Zimmermann haben gemeinsam 106 Flaschen Wein bei einem Weingut bestellt. Dabei entfallen auf Herrn Berkle 8 Flaschen mehr als auf Herrn Zimmermann und auf Herrn Peters 9 Flaschen mehr als auf Herrn Berkle. Wie viele Flaschen bekommt jeder?

Tipp

Wenn mehr als drei Personen auftreten, auf die etwas verteilt werden soll, ist es übersichtlicher, mit mehreren Variablen zu rechnen. Löse deshalb die folgenden Aufgaben 7. und 8. nach dem 1. Lösungsweg.

7.
Henning und Olaf besuchen ihre Freunde Max und Oliver. Sie haben ihre Autos mitgebracht, zusammen sind es 47 Autos. Davon gehören Henning zwei mehr als Olaf, Oliver vier mehr als Henning und Max drei weniger als Oliver. Wie viele Autos gehören jedem Kind?

8.
In der Klasse 8b gibt es 25 Schüler. In der letzten Mathearbeit haben doppelt so viele Schüler eine 1 geschrieben wie eine 5. Weiter gab es doppelt so viele Dreien wie Einsen und dreimal so viele Zweien wie Fünfen. Außerdem gab es eine 4 weniger als Zweien. Wie viele Schüler haben welche Note geschrieben?

Entscheide bei den folgenden Aufgaben, ob du lieber eine oder mehrere Variablen benutzen willst, und rechne dann.

9.
Ein Goldschmied fertigt aus 46 cm Silberdraht drei Schmuckstücke. Für ein Stück benötigt er halb so viel Draht wie für ein anderes und 4 cm weniger Draht als für das dritte.

10.
Ein Brennstoffhändler schickt seine Tankwagen zum Auffüllen ins Depot. Der große Wagen kann dreimal so viel Öl transportieren wie der kleinste und 12 t mehr als der mittelgroße. Zusammen haben sie ein Fassungsvermögen von 58 t.

11.*
An der Finanzierung eines Großprojekts von 12,5 Millionen € sind vier Banken beteiligt. Die erste Bank zahlt doppelt so viel Geld wie die zweite und die zweite doppelt so viel wie die dritte. Außerdem zahlt die vierte Bank 1,25 Millionen € weniger als die erste.

12.*
In einem Kaugummiautomaten befinden sich noch 34 Kaugummikugeln. Es sind 2 rote Kugeln mehr als gelbe und 5 gelbe Kugeln weniger als grüne.

Bewegungsaufgaben

Bei diesem Aufgabentyp geht es um Personen oder Fahrzeuge, die sich mit unterschiedlichen Geschwindigkeiten aneinander vorbei oder aufeinander zu bewegen. Es ist günstig, mit der Variablen x die **Zeitdauer** bis zur Begegnung auszudrücken, weil das die einzige Größe ist, die für Personen oder Fahrzeuge gleich groß ist.

Fahrzeit · Geschwindigkeit = Wegstrecke

Beispiel Bianca und Merle wohnen 22 km voneinander entfernt. Sie haben beide ein Fahrrad, mit dem Bianca 18 km pro Stunde fahren kann und Merle 15 km. Nach welcher Zeit treffen sie sich, wenn beide gleichzeitig von zu Hause losfahren? Wie viel km hat dann jedes Mädchen zurückgelegt?

Lösung:

1. x bedeutet die Zeitdauer, bis sich Bianca und Merle treffen, das heißt, nach x Stunden Fahrzeit hat jede ihren Anteil an der Gesamtstrecke zurückgelegt.

	Geschwindigkeit	Wegstrecke
Bianca	18 km pro h	$18 \cdot x$ km
Merle	15 km pro h	$15 \cdot x$ km
Gesamtstrecke		$18x + 15x = 22$

2. Wir lösen die Beziehungsgleichung:

$$18x + 15x = 22$$
$$33x = 22 \quad |:33$$
$$x = \frac{2}{3}$$

Nach $\frac{2}{3}$ Stunden oder 40 Minuten treffen sich Bianca und Merle. Bianca hat dann $18\text{ km} \cdot \frac{2}{3} = 12\text{ km}$, Merle $15\text{ km} \cdot \frac{2}{3} = 10\text{ km}$ zurückgelegt.

3. Überprüfung des Ergebnisses: 12 km + 10 km = 22 km

4. Antwortsatz: Nach 40 Minuten treffen sich die beiden. Bianca hat dann 12 km, Merle 10 km zurückgelegt.

1.
Zwei Flugzeuge starten gleichzeitig in Hamburg und München (Entfernung etwa 660 km Luftlinie). Das aus Hamburg kommende Flugzeug bewältigt in einer Stunde 380 km, das andere 340 km. Nach welcher Zeit fliegen sie aneinander vorbei? Wie viele km haben sie jeweils zurückgelegt?

a) Bezeichne die Flugzeit bis zum Treffpunkt mit x und lege eine Tabelle an, in die du die Beziehungen einträgst.

b) Löse die Beziehungsgleichung.

c) Überprüfe dein Ergebnis am Text.

d) Notiere einen Antwortsatz.

2.
Die Cowboys Sam und Joe treffen sich jeden Abend um halb acht Uhr in Millys Saloon. Die Blockhäuser, von denen aus Sam und Joe losreiten, liegen 30 Meilen voneinander entfernt. Sam hat zwar den kürzeren Weg, kommt aber wegen des unwegsamen Geländes nur 7 Meilen in der Stunde voran, Joe dagegen schafft 11 Meilen in der Stunde. Wie lange benötigt jeder für den Weg und wie weit ist Millys Saloon von den beiden Blockhäusern entfernt?

3.

Familie Heilshorn und Familie Brückner wollen gemeinsam in den Urlaub fahren. Eigentlich wollten sie gleichzeitig starten, dann bekam Herr Brückner jedoch noch einen Anruf und konnte erst 20 Minuten später losfahren als Herr Heilshorn. Nach welcher Zeit und welcher Fahrtstrecke haben Brückners Heilshorns eingeholt, wenn sie 120 km pro Stunde fahren, Heilshorns jedoch mit 100 km pro Stunde?

a) Bezeichne mit x die Zeitspanne, die zwischen Brückners Start und ihrem Treffen mit Heilshorns vergeht. Fülle die Tabelle aus:

	Fahrzeit in Stunden	Geschwindigkeit in km pro Stunde	Wegstrecke in km
Brückner	x	120	______
Heilshorn	$x + \frac{1}{3}$	______	______

b) Brückners haben Heilshorns in dem Augenblick eingeholt, in dem die von beiden zurückgelegte Wegstrecke gleich ist. Dies wird durch die Beziehungsgleichung $120x = 100\left(x + \frac{1}{3}\right)$ ausgedrückt.

Löse sie nach x auf.
Interpretiere das Ergebnis.

c) Überprüfe das Ergebnis.

d) Formuliere einen Antwortsatz.

4.

Heinz und Uli veranstalten ein Fahrradrennen. Da Uli kein Rennrad besitzt, darf er 10 Minuten eher starten als Heinz. Uli fährt mit einer Durchschnittsgeschwindigkeit von 25 km pro Stunde, Heinz mit 30 km pro Stunde. Nach welcher Zeit hat Heinz Uli eingeholt? Wie viele km sind die beiden dann gefahren?

5.

Susanne und Claudia halten sich durch Jogging fit. Claudia kann zwar schneller laufen (15 km pro Stunde) als Susanne (12 km pro Stunde), ist aber häufig unpünktlich. Kann Claudia Susanne auf der 4,5 km langen Strecke noch einholen, wenn Susanne 5 Minuten früher gestartet ist?
Berechne zunächst, nach welcher Zeit und Strecke Claudia Susanne einholt und beantworte dann die Frage.

6.*

Ganoven-Ede hat eine Bank überfallen und ist mit der Beute getürmt. Bei der Wahl des Fluchtautos hatte Ede jedoch Pech, denn er kommt nur mit durchschnittlich 90 km pro Stunde voran. Wann hat Kommissar Kluge ihn eingeholt, der mit seinem Dienstwagen 120 km pro Stunde schafft und eine halbe Stunde nach Edes dreistem Raub die Verfolgung aufnimmt?

7.*

Sven wettet, dass er mit seinem Mofa, das 25 km pro Stunde fährt, Marc auf einer Strecke von 10 km einholen kann, wenn Marc mit seinem Fahrrad 20 km pro Stunde fährt und 10 Minuten Vorsprung hat. Kann Sven die Wette gewinnen?

Lösungsplan 4 – Vermischte Aufgaben zu linearen Gleichungen

Jetzt kommen vermischte Aufgaben aus allen vorher behandelten Gebieten. Löse sie, indem du nach dem Lösungsplan 4 vorgehst:

Lösungsplan 4

1. Lies die Aufgabe gründlich durch.
2. Welcher Sachverhalt wird in der Aufgabe dargestellt?
   Wovon handelt die Aufgabe?
3. Was ist gesucht?
4. Was ist gegeben?
5. Überlege dir den Lösungsweg.
   a) Entscheide, ob du eine oder mehrere Variablen benutzen willst.
   b) Lege eine Tabelle an und trage darin die Beziehungen ein, die sich aus dem Aufgabentext herauslesen lassen.
   c) Stelle eine Beziehungsgleichung auf.
6. Führe die Rechnung aus.
7. Überlege, ob die berechnete Größe bereits das Endergebnis ist.
8. Kontrolliere das Ergebnis.
9. Schreibe einen Antwortsatz.

Bedenke Du musst nicht jeden Punkt des Lösungsplanes schriftlich beantworten.
Im Lösungsplan sind lediglich alle wichtigen Stationen verzeichnet, die du beim Lösen von solchen Aufgaben bedenken solltest.

1.
Das Siebenfache einer um 3 verminderten Zahl ist gleich der Differenz aus dem Dreifachen der Zahl und 7.

2.
In einem Dreieck ist ein Winkel dreimal so groß wie ein anderer Winkel. Der dritte Winkel ist um 65° kleiner als der erste.

3.
In Antjes Bücherschrank befinden sich doppelt so viele Romane wie Sachbücher. Außerdem besitzt sie 2 Schulbücher mehr als Sachbücher und 6 Taschenbücher weniger als Romane. Zusammen sind es 74 Bücher. Wie viele sind es von jeder Sorte?

4.
Der schnelle Charlie verlässt mit seinem Motorrad, mit dem er durchschnittlich 140 km pro Stunde schnell ist, die Autobahnraststätte. In welcher Zeit hat er seinen Freund Werner eingeholt, der mit seinem Auto 120 km in der Stunde schafft und 5 Minuten eher gestartet ist? Welche Strecke haben die beiden bis dahin zurückgelegt?

5.
Das 4fache einer um 1 vergrößerten Zahl ist um 8 kleiner als das 6fache derselben Zahl.

6.
Frau Siebert wird in einem Jahr viermal so alt wie Julia sein. Heute sind beide zusammen 38 Jahre alt.

7.*
Zwei Schnecken bewegen sich entlang einer Reihe mit Salatköpfen aufeinander zu. Sie sind gleichzeitig an den beiden Enden der 6 m langen Reihe aufgebrochen. Während die eine Schnecke nur ab und zu am Salat knabbert und in der Stunde 4,5 m zurücklegt, frisst die andere ausgiebiger und kommt dadurch nur 2,7 m in der Stunde voran. Nach wie vielen Minuten treffen sich die Schnecken? Welche Strecke haben sie dann jeweils zurückgelegt?

8.

Landwirt Roggensack erhält im Rahmen der Flurbereinigung für einen rechteckigen Acker von 54 m Länge und 18 m Breite ein anderes rechteckiges Stück gleicher Fläche und Bodengüte. Eine Seite ist 30 m lang, wie lang ist die andere?

9.

Herr Kaiser ist heute dreimal so alt wie Florian. Vor 6 Jahren war er noch viermal so alt. Wie alt sind die beiden heute?

10.

Herr Bolten verteilt jede Woche insgesamt 17 € Taschengeld an seine Kinder. Die kleine Eva bekommt 2 € weniger als Timo. Vera, die Älteste, bekommt das Dreifache von dem Betrag, den Eva erhält.
Welche Summe steht welchem Kind zu?

11.

Vermindert man das 9fache einer Zahl um 7, so ergibt sich dasselbe, als wenn man die um 1 verkleinerte Zahl mit 11 multipliziert.

12.

Zwei Flugzeuge fliegen die 500 km lange Strecke München–Berlin bzw. umgekehrt. Das aus München kommende Flugzeug fliegt mit einer Geschwindigkeit von 300 km pro Stunde, das entgegenkommende mit 325 km pro Stunde. Nach welcher Zeit und welcher Flugstrecke begegnen sie sich, wenn sie gleichzeitig gestartet sind?

13.

Opa Kalli bastelt aus einer 90 cm langen Profilleiste einen Bilderrahmen. Der Rahmen soll 7 cm breiter sein als hoch. Welche Maße hat er?

14.*

Tante Lisbeth kauft drei Pralinenkästen mit insgesamt 99 Pralinen. Der kleinste Kasten enthält halb so viele Pralinen wie der größte. Außerdem befinden sich in dem größten Kasten 6 Pralinen mehr als in dem dritten. Wie viele Pralinen enthält jeder Kasten?

15.

Katharinas Eltern sind zusammen 84 Jahre alt. Vor 30 Jahren war ihr Vater doppelt so alt wie ihre Mutter.

1 So wird mit Brüchen und Dezimalbrüchen gerechnet

Addieren und Subtrahieren

1.
$\frac{10}{25}$; $\frac{40}{45}$; $\frac{5}{15}$; $\frac{15}{50}$; $\frac{25}{500}$; $\frac{45}{100}$; $\frac{35}{200}$

2.
$\frac{3}{4} = \frac{90}{120}$; $\frac{75}{120}$; $\frac{84}{120}$; $\frac{9}{120}$; $\frac{110}{120}$; $\frac{20}{120}$; $\frac{44}{120}$

3.
$\frac{2}{3}$; $\frac{1}{4}$; $\frac{4}{7}$; $\frac{9}{10}$; $\frac{3}{5}$; $\frac{3}{4}$; $\frac{3}{10}$

4.
2,01 = 2,0100; 71,0050 = 71,005; 0,300 = 0,3; 0,010 = 0,01

5.
$1\frac{1}{20}$; $\frac{53}{56}$; $1\frac{1}{18}$; $1\frac{17}{90}$; $1\frac{1}{2}$; $\frac{17}{20}$

6.
$\frac{7}{15}$; $\frac{2}{45}$; $\frac{1}{12}$; $\frac{39}{70}$; $\frac{17}{110}$; $\frac{41}{60}$

7.
$\frac{15}{2}$; $\frac{35}{6}$; $\frac{37}{4}$; $\frac{42}{5}$; $\frac{63}{10}$; $\frac{149}{20}$; $\frac{203}{100}$

8.
$5\frac{7}{8}$; $7\frac{4}{5}$; $3\frac{3}{4}$; $5\frac{2}{3}$; $3\frac{1}{2}$; $5\frac{2}{9}$; $6\frac{3}{11}$

9.
$\frac{11}{4} + \frac{9}{2} = \frac{11 + 18}{4} = \frac{29}{4} = 7\frac{1}{4}$; $\frac{17}{3} - \frac{7}{2} = \frac{34 - 21}{6} = \frac{13}{6} = 2\frac{1}{6}$; $2\frac{9}{20}$; $5\frac{1}{2}$; $3\frac{1}{5}$

Multiplizieren und Dividieren

1.

a) $\frac{8}{15}$; $\frac{12}{35}$; $\frac{12}{25}$; $\frac{14}{33}$

b) $1\frac{1}{20}$; $\frac{1}{3}$; $2\frac{1}{4}$; $\frac{1}{4}$

2.

$4\frac{1}{8}$; $1\frac{1}{3}$; $1\frac{2}{5}$; $\frac{14}{27}$; 10; 5; $1\frac{7}{8}$; 3

3.

$1\frac{1}{11}$; $38\frac{1}{2}$; $\frac{1}{2}$; 10; $1\frac{13}{20}$; $2\frac{6}{7}$; $\frac{13}{14}$; $5\frac{1}{7}$

4.

0,17577; 6,02; 0,001296; 650; 0,005028; 5600

5.

5,61; 19,29; 7,53; 1,49; 16,51; 0,08

Umwandeln von Brüchen

1.

0,833; 0,875; 0,75; 0,727; 0,417; 0,36; 0,233

2.

2,67; 3,5; 4,75; 7,83; 8,6; 1,57; 2,85

3.

$\frac{375}{1000} = \frac{3}{8}$; $\frac{82}{100} = \frac{41}{50}$; $\frac{3}{4}$; $\frac{1}{8}$; $\frac{3}{10}$; $\frac{1}{40}$; $\frac{1}{250}$

4.

$1{,}15 = 1\frac{15}{100} = 1\frac{3}{20}$; $2{,}055 = 2\frac{55}{1000} = 2\frac{11}{200}$; $3\frac{1}{8}$; $4\frac{1}{2}$; $3\frac{1}{20}$; $2\frac{1}{200}$; $7\frac{4}{5}$

Vermischte Aufgaben zur Bruchrechnung

1.

$\frac{22}{15}$ $\frac{55}{36}$ $\frac{1}{6}$ $\frac{11}{21}$; $\frac{71}{20}$ $\frac{25}{4}$ $\frac{11}{3}$ $\frac{19}{6}$

2.

a) $\frac{5}{3}$ kg $\frac{19}{6}$ kg $\frac{6}{5}$ kg

b) 45 min 40 min 16 h 18 h

3.

$8\frac{1}{2}\,t - 3\frac{2}{3}\,t = 5\frac{1}{2}\,t - \frac{2}{3}\,t = 4\frac{9}{6}\,t - \frac{4}{6}\,t = 4\frac{5}{6}\,t$

$4\frac{5}{6}\,t - 1\frac{1}{2}\,t = 3\frac{5}{6}\,t - \frac{3}{6}\,t = 3\frac{2}{6}\,t = 3\frac{1}{3}\,t$

4.

a) 22,5

b) $22{,}5 \cdot 0{,}31 = 6{,}975$

5.

a) $33{,}5 \cdot 1{,}16$ € = 38,86 €

b) $52{,}78 : 1{,}16 = 45{,}5$ also 45,5 l

Hast du die Aufgabe verstanden?

2

Welcher Sachverhalt wird in der Aufgabe dargestellt?

1.

Begriff: Durchschnittsgeschwindigkeit

Sie gibt an, wie viele km man in einer Stunde zurücklegt.

2.

Begriff: Zinsen

Geld, das man von der Bank bekommt, wenn man dort ein Sparguthaben hat.

3.

Begriff: Einkaufspreis

Preis, zu dem eine Ware eingekauft wird (z. B. vom Händler).

Begriff: Verkaufspreis

Preis, zu dem ein Händler eine Ware weiter verkauft. Der Verkaufspreis einer Ware ist fast immer größer als ihr Einkaufspreis.

4.

Begriff: Rabatt

Preisnachlass auf den ursprünglichen Verkaufspreis.

Verkürze den Text auf das Wesentliche

1.

Henning erhält für 1500 € 100 € Zinsen. Wie groß ist jetzt sein Sparguthaben?

2.

Ein Fahrradhändler hat ein Fahrrad für 350 € eingekauft. Er verkauft es mit einem Verlust von 60 €. Wie hoch ist der Verkaufspreis?

3.

Für ein 150 € teures Kleid wird ein Rabatt gewährt, so dass das Kleid nur noch 120 € kostet. Wie hoch ist der Rabatt?

4.

Herr Steibl kauft $\frac{1}{2}$ kg Kaffee zum Preis von 7,90 €/kg. Wie viel muss er bezahlen?

Gesucht – gegeben

1.

Gesucht: Neues Sparguthaben

Gegeben: Altes Sparguthaben 1500 €; Zinsen 100 €

Lösung: 1500 € + 100 € = 1600 €. Hennings Sparguthaben beträgt 1600 €.

2.

Gesucht: Verkaufspreis

Gegeben: Einkaufspreis 350 €; Verlust 60 €

Lösung: 350 € – 60 € = 290 €. Der Verkaufspreis beträgt 290 €.

3.

Gesucht: Rabatt

Gegeben: Alter Preis 150 €; neuer Preis 120 €

Lösung: 150 € – 120 € = 30 €. Der Rabatt beträgt 30 €.

4.

Gesucht: Gesamtpreis

Gegeben: Kaffeepreis 7,90 €/kg; Menge $\frac{1}{2}$ kg

Lösung: $\frac{1}{2}\text{ kg} \cdot 7{,}90\,\frac{€}{\text{kg}} = 3{,}95\text{ €}$. Herr Steibl bezahlt 3,95 €.

Angewandtes Rechnen – Dreisatzrechnung/Zuordnungen

3

Proportionale und umgekehrt proportionale Zuordnungen

1.

a) –

b) h → km

c) € → m

2.

kg	6	1	9
€	7,50	1,25	11,25

3.

b)

h	4	1	3
km	420	105	315

c)

€	60	1	45
m	4	$\frac{1}{15}$	3

4.

a)

h	6	1	8
l	420	70	560

b)

Schrauben	8500	1	10 200
h	5	$\frac{1}{1700}$	6

c)

kg	3	1	5
€	48	16	80

5.

a)

h	4	1	6
km	84	21	126

b) Ja.

6.

(:24) (·30)

km/h	24	1	30
h	5	120	4

(·24) (:30)

7.

a)

€/m	24	1	12
m	5	120	10

b) Nein.

8.

a)

m	5	1	10
€/m	24	120	12

b) Nein.

9.

a)

€/kg	1,25	1	1,50
kg	12	15	10

umgekehrt proportional

b)

kg	12	1	8
€	13,20	1,10	8,80

proportional

c)

Bagger	5	1	6
m^3/h	140	28	168

proportional

d)

Bagger	5	1	6
Tage	12	60	10

umgekehrt proportional

Hier gilt es, den Aufgabentyp zu erkennen

1.

a) proportional

Stühle	4	1	6
€	224	56	336

b) keine Aufgabe der Schlussrechnung; Ergebnis: 480 €

c) umgekehrt proportional

€/Stuhl	60	1	40
Stühle	4	240	6

2.

a) 6 · 42 € + 4 · 29 € = 368 €

b) umgekehrt proportional

Gesellen	6	1	8
Stunden	40	240	30

c) proportional

kg	3	$\frac{1}{2,10}$	2
€	6,30	1	4,20

d) 3 · 1,75 € + 4 · 1,30 € = 10,45 €

e) umgekehrt proportional

€/kg	12	1	8
kg	2	24	3

3.

a) 21 € + 90 · 0,14 € = 33,60 €

b) 36,40 € – 21 € = 15,40 €; 15,40 € : 0,14 €/kW/h = 110 kWh

4.

Ja.

5.

43 € – 25 € = 18 €

€	18	0,15	22,50
kWh	120	1	150

Rechnung im nächsten Monat: 25 € + 22,50 € = 47,50 €

6.

42,60 € – 21 € = 21,60 €

21 € + 25,20 € = 46,20 €

kWh	180	1	210
€	21,60	0,12	25,20

7.

a) 24,60 € + 85 · 0,12 € = 34,80 €

b) 39,60 € – 24,60 € = 15,00 €; 15,00 € : 0,12 € = 125

8.

Ja.

9.

54,60 € – 24,60 € = 30 €

24,60 € + 42,00 € = 66,60 €

Einheiten	250	1	350
€	30,00	0,12	42,00

Vermischte Textaufgaben mit Zuordnungen

1.

57 € – 24,60 € = 32,40 €

24,60 € + 48,00 € = 72,60 €

Einheiten	270	1	400
€	32,40	0,12	48,00

2.

a) proportional

Mitglieder	376	1	376 + 25 = 401
€	75 952	202	81 002

Die 401 Mitglieder zahlen 81 002 € Vereinsbeitrag.

b) 78 195 € : 401 = 195 €

Der Beitrag wurde um 7 € gesenkt.

3.

a) 725 · 0,06 € = 43,50 €

43,50 € + 31,50 € + 25,81 € = 100,81 €

b) 105,91 € – 31,50 € – 25,81 € = 48,60 €

48,60 € : 0,06 € = 810; 810 Einheiten

4.

umgekehrt proportional

LKW	12	1	9	8
Tage	18	216	24	27

5.

a) $2500 \cdot 0{,}48\,€ = 1200\,€$, $1200\,€ - 36\,€ = 1164\,€$
Sein Gewinn betrug 1164 €.

b) $1303{,}20\,€ + 36\,€ = 1339{,}20\,€$
$1339{,}20\,€ : 0{,}48\,€ = 2790$
Die Anlage hat 2790 kWh Strom erzeugt.

Zerlege in Teilaufgaben

1.

a) $15 \cdot 9{,}00\,€ = 135{,}00\,€$
b) $10 \cdot 7{,}90\,€ = 79\,€$
c) $135\,€ + 79\,€ = 214\,€$
d) $15\text{ kg} + 10\text{ kg} = 25\text{ kg}$
e) $214\,€ : 25 = 8{,}56\,€$

2.

a) $8 \cdot 3{,}80\,€ = 30{,}40\,€$
b) $7 \cdot 5{,}60\,€ = 39{,}20\,€$
c) $5 \cdot 7{,}50\,€ = 37{,}50\,€$
d) $30{,}40\,€ + 39{,}20\,€ + 37{,}50\,€ = 107{,}10\,€$
e) $8\text{ kg} + 7\text{ kg} + 5\text{ kg} = 20\text{ kg}$
f) $107{,}10 : 20 = 5{,}355\,€ \approx 5{,}36\,€$

3.

a) $2 \cdot 14{,}50\,€ = 29\,€$
b) $5 \cdot 8{,}50\,€ = 42{,}50\,€$
c) $3 \cdot 12\,€ = 36\,€$
d) $29\,€ + 42{,}50\,€ + 36\,€ = 107{,}50\,€$
e) $107{,}50\,€ : 10 = 10{,}75\,€$

4.

a) $5 \cdot 8\,€ = 40\,€$
b) $3 \cdot 10\,€ = 30\,€$
c) $40\,€ - 30\,€ = 10\,€$
d) $10\,€ : 2 = 5\,€$

5.

a) $2 \cdot 4{,}50\,€ = 9\,€$
b) $6 \cdot 3{,}25\,€ = 19{,}50\,€$
c) $\frac{1}{2} \cdot 9\,€ = 4{,}50\,€$
d) $9\,€ + 19{,}50\,€ + 4{,}50\,€ = 33\,€$
e) $33\,€ : 20 = 1{,}65\,€$

6.

a) $50 \cdot 6\,€ = 300\,€$
b) $30 \cdot 8{,}50\,€ = 255\,€$
c) $300\,€ - 255\,€ = 45\,€$
d) $45\,€ : 20 = 2{,}25\,€$

7.

a) 10 · 12 € = 120 € b) 3 · 10 € = 30 € c) 5 · 8 € = 40 €
d) 120 € – 30 € – 40 € = 50 € e) 50 € : 2 = 25 €

8.

a) 20 · 5 € = 100 € b) 8 · 3,50 € = 28 € c) 7 · 6 € = 42 €
d) 100 € – 28 € – 42 € = 30 € e) 30 € : 5 = 6 €

Lösungsplan 1 – Vermischte Dreisatzaufgaben

1. Beispiel:

l/min	12	1	10
min	5	60	6

Der Tank leert sich in 6 Minuten.

2. Beispiel: a) 60 · 1,25 € = 75 € b) 40 · 1,75 € = 70 €
c) 75 € + 70 € = 145 € d) 60 l + 40 l = 100 l
e) 145 € : 100 = 1,45 €
1 l des Fruchtgetränks kostet 1,45 €.

1.

Stunden	8	1	6
Glühbirnen	6400	800	4800

proportional

2.

Maschinen	3	1	4
Stunden	8	24	6

umgekehrt proportional

3.

4 · 350 + 6 · 420 = 3920

4.

a) 8 · 500 = 4000 b) 6000 – 4000 = 2000
c) 2000 : 400 = 5 Man benötigt 5 Maschinen des Typs B.

5.

€/m	25	1	40
m	8	200	5

umgekehrt proportional

6.

m	6	1	5
€	114	19	95

proportional

7.

a) 25 €/m · 28 m = 700 €

b) 18 €/m · 35 m = 630 €

c) 32 €/m · 37 m = 1184 €

d) 700 € + 630 € + 1184 € = 2514 €

e) 28 m + 35 m + 37 m = 100 m

f) 2514 € : 100 m = 25,14 €/m

8.

39 € – 12 € = 27 €

12 € + 48,60 € = 60,60 €

kWh	150	1	270
€	27	0,18	48,60

9.

200 · 0,16 € = 32 €

260 · 0,16 € = 41,60 €;

Grundgebühr: 48 € – 32 € = 16 €;

16 € + 41,60 € = 57,60 €

10.

a) 5 kg · 6 €/kg = 30 €

b) 10 kg · 7,25 €/kg = 72,50 €

c) 15 kg · 9 €/kg = 135 €

d) 30 € + 72,50 € + 135 € = 237,50 €

e) 5 kg + 10 kg + 15 kg = 30 kg

f) 237,50 € : 30 kg ≈ 7,92 €/kg

11.

Stunden	3,5	1	3
km/h	120	420	140

umgekehrt proportional

12.

a) 3 h · 25 km/h = 75 km

b) 2 h · 28 km/h = 56 km

c) 75 km + 56 km = 131 km

d) 3 h + 2 h = 5 h

e) 131 km : 5 h = 26,2 km/h

13.

a) $50\ \text{cm}^3 \rightarrow 525\ \text{g}$

$1\ \text{cm}^3 \rightarrow \frac{525}{50}\ \text{g} = 10{,}5\ \text{g}$

$30\ \text{cm}^3 \rightarrow 30 \cdot 10{,}5\ \text{g} = 315\ \text{g}$

b) $525\ \text{g} \rightarrow 50\ \text{cm}^3$

$1\ \text{g} \rightarrow \frac{50}{525}\ \text{cm}^3 = \frac{2}{21}\ \text{cm}^3$

$40\ \text{g} \rightarrow 40\frac{2}{21}\ \text{cm}^3 \approx 3{,}8\ \text{cm}^3$

beides proportionale Zuordnungen.

14.

a)
$$\begin{array}{rlcl} & 4 \text{ Tiere} & \rightarrow & 15 \text{ Tage} \\ :4 & 1 \text{ Tier} & \rightarrow & 60 \text{ Tage} \quad \cdot 4 \\ \cdot 20 & 20 \text{ Tiere} & \rightarrow & 3 \text{ Tage} \quad :20 \end{array}$$

produktgleiche Paare, also umgekehrt proportional

b)
$$\begin{array}{rlcl} & 1 \text{ Tier} & \rightarrow & 60 \text{ Tage} \\ \cdot 15 & 15 \text{ Tiere} & \rightarrow & 4 \text{ Tage} \quad :15 \end{array}$$

15.

$$\begin{array}{rlcl} & 40 \text{ Pflücker} & \rightarrow & 30 \text{ Std.} \\ :40 & 1 \text{ Pflücker} & \rightarrow & 1200 \text{ Std.} \quad \cdot 40 \\ \cdot 25 & 25 \text{ Pflücker} & \rightarrow & 48 \text{ Std.} \quad :25 \end{array}$$

umgekehrt proportional mit produktgleichen Paaren.

Zeit

1.

a) 6 min 50 s; 2 min 40 s; 165 min; 270 min; 4 min 10 s; 6 min 40 s; 735 min; 5 min 50 s; 510 min; 11 min 40 s; $\frac{1}{2}$ min; $\frac{1}{4}$ min

b) 13 h 30 min; 10 h 20 min; 36 h; 78 h; 8 h 20 min; 12 h; 18 h; 2 h 40 min; $\frac{1}{2}$ h; $\frac{1}{4}$ h

2.

a) 235 min b) 168 min c) 285 min d) 405 min
e) 5 min f) 280 min

3.

a) 10.10 Uhr b) 11.25 Uhr c) 15.15 Uhr
d) 9.30 Uhr e) 9.23 Uhr f) 12.04 Uhr

4.

Arbeitsbeginn	9.15 Uhr	13.55 Uhr	14.20 Uhr	14.50 Uhr
Arbeitsende	12.30 Uhr	17.25 Uhr	17.05 Uhr	18.30 Uhr
Arbeitszeit	$3\frac{1}{4}$ h	$3\frac{1}{2}$ h	$2\frac{3}{4}$ h	3 h 40 min

Geschwindigkeit

1.

270 km : 3 h = 90 km/h

2.

a) 120 km/h b) 20 km/h c) 60 km/h d) 8 km/h
e) 37,5 km/h f) 3,5 km/h

3.

a) 15 min → 13,5 km
1 min → 13,5 km : 15 = 0,9 km
60 min → 0,9 km · 60 = 54 km, also 54 km/h
b) 180 km/h c) 45 km/h d) 120 km/h

4.

a) 10,8 km/h; 43,2 km/h; 5,4 km/h; 144 km/h
b) $33\frac{1}{3}$ m/s; 15 m/s; 5 m/s; 75 m/s

5.

a) 180 km/h = 50 m/s b) 36 m/s = 129,6 km/h c) 18 km/h = 5 m/s
d) 5 m/s = 18 km/h e) 120 km/h = $33\frac{1}{3}$ m/s f) 24 km/h = $6\frac{2}{3}$ m/s

Textaufgaben zur Berechnung von Geschwindigkeiten

1.

a) Bus: 10 m/s = 36 km/h; Lastwagen: 12 m/s = 43,2 km/h
Motorrad: 15 m/s = 54 km/h; Sportwagen: 30 m/s = 108 km/h
b) 1 m → 0,072 s
60 m → 4,32 s
c) 2,7 s; 1,8 s; 3,6 s

2.

a) Fußgänger: 2 m/s = 7,2 km/h; Radfahrer: 3,125 m/s = 11,25 km/h
Mopedfahrer: 5 m/s = 18 km/h

b) 40 km/h = $11\frac{1}{9}$ m/s; 50 m : $11\frac{1}{9}$ m/s = 4,5 s

50 km/h = $13\frac{8}{9}$ m/s; 50 m : $13\frac{8}{9}$ m/s = 3,6 s

20 km/h = $5\frac{5}{9}$ m/s; 50 m : $5\frac{5}{9}$ m/s = 9 s

3.

a) Von 9.52 Uhr bis 10.37 Uhr sind es 45 min = $\frac{3}{4}$ h.
72 km : $\frac{3}{4}$ h = 96 km/h

b) Fahrzeit: 30 min = $\frac{1}{2}$ h; Geschwindigkeit: 134 km/h
Fahrzeit: 80 min = $1\frac{1}{3}$ h; Geschwindigkeit: 82,5 km/h

4.

480 km; 300 km; 210 km; 60 km; 30 km; 20 km; $\frac{1}{6}$ km; 0,4 km

5.

a) v = 15 km : $\frac{5}{4}$ h = 12 km/h

b) t = $1\frac{1}{4}$ h = 75 min

c) s = 7,5 km

4 Prozentrechnung

Solche Aufgaben musst du rechnen können

1.

a) $\frac{6}{25} = 6 : 25 = 0{,}24 = \frac{24}{100} = 24\,\%$

b) 19 Aufgaben

c) $\frac{19}{25}$

d) $\frac{19}{25} = 0{,}76 = \frac{76}{100} = 76\,\%$

2.

$\frac{7}{8} = 0{,}875 = \frac{87{,}5}{100} = 87{,}5\,\%$; $\frac{3}{40} = 0{,}075 = \frac{7{,}5}{100} = 7{,}5\,\%$;

$\frac{9}{16} = 0{,}5625 = \frac{56{,}25}{100} = 56{,}25\,\%$; $\frac{27}{40} = 0{,}675 = \frac{67{,}5}{100} = 67{,}5\,\%$;

$\frac{1}{8} = 0{,}125 = \frac{12{,}5}{100} = 12{,}5\,\%$; $\frac{11}{16} = 0{,}6875 = \frac{68{,}75}{100} = 68{,}75\,\%$;

$\frac{7}{40} = 0{,}175 = \frac{17{,}5}{100} = 17{,}5\,\%$; $\frac{1}{16} = 0{,}0625 = \frac{6{,}25}{100} = 6{,}25\,\%$

3.

$\frac{2}{3} \approx 0{,}667 = \frac{66{,}7}{100} = 66{,}7\,\%$; $\frac{3}{7} \approx 0{,}429 = \frac{42{,}9}{100} = 42{,}9\,\%$;

$\frac{5}{12} \approx 0{,}417 = \frac{41{,}7}{100} = 41{,}7\,\%$; $\frac{7}{18} \approx 0{,}389 = \frac{38{,}9}{100} = 38{,}9\,\%$;

$\frac{16}{19} \approx 0{,}842 = \frac{84{,}2}{100} = 84{,}2\,\%$; $\frac{141}{345} \approx 0{,}409 = \frac{40{,}9}{100} = 40{,}9\,\%$;

$\frac{45}{317} \approx 0{,}142 = \frac{14{,}2}{100} = 14{,}2\,\%$; $\frac{4251}{6373} \approx 0{,}667 = \frac{66{,}7}{100} = 66{,}7\,\%$

4.

0,273; 0,19; 0,04; 0,125; 0,8; 0,005

5.

0,045; 0,0625; 0,1775; 0,912; 0,705; 0,288

So berechnet man den Prozentsatz p%

1.

Klasse	Gesamtzahl der Schüler G	Erkrankte Schüler P	Anteil der Erkrankten $\frac{P}{G}$	Prozentsatz p %
7a	25	6	$\frac{6}{25}$	24 %
7b	28	7	$\frac{7}{28}$	25 %

2.

a) $\frac{45}{420} \approx 10{,}7\,\%$ b) $\frac{15}{420} \approx 3{,}6\,\%$ c) $\frac{8}{420} \approx 1{,}9\,\%$

3.

1. G = 150 € 2. P = 10 € 3. $\frac{P}{G} = \frac{10}{150} = \frac{1}{15}$

4. p % = 1 : 15 ≈ 0,067 (gerundet); p % ≈ 6,7 %

4.

$p\,\% = \frac{25}{245} \approx 10{,}2\,\%$

5.

$p\,\% = \frac{75}{7820} = 0{,}00959\ldots \approx 0{,}010$ (gerundet); p % ≈ 1,0 %

6.

$p\,\% = \frac{3}{105} \approx 2{,}9\,\%$

Berechne den Prozentwert P

1.

a) $P = 650\text{ €} \cdot 8\,\% = 650\text{ €} \cdot 0{,}08 \left(= 650\text{ €} \cdot \frac{8}{100}\right) = 52\text{ €}$

b) $P = 9500\text{ €} \cdot 12{,}5\,\% = 9500\text{ €} \cdot 0{,}125 = 1187{,}50\text{ €}$

c) 4,80 € d) 414 €

2.

a) $P = 2900\text{ €} \cdot 3{,}1\,\% = 2900\text{ €} \cdot 0{,}031 = 89{,}90\text{ €}$

b) $P = 3600 \cdot 4{,}5\,\% = 3600 \cdot 0{,}045 = 162$

c) $P = 24\,500\text{ ha} \cdot 51{,}2\,\% = 24\,500\text{ ha} \cdot 0{,}512 = 12\,544\text{ ha}$

3.

Maler: $40000\ € \cdot 45\,\% = 40000\ € \cdot 0{,}45 = 18000\ €$

Tischler: $40000\ € \cdot 37\,\% = 14800\ €$

Elektriker: $40000\ € - 18000\ € - 14800\ € = 7200\ €$

4.

Fahrtkosten: $2500\ € \cdot 21\,\% = 525\ €$

Unterkunft und Verpflegung: $2500\ € \cdot 67\,\% = 1675\ €$

Rest: $2500\ € - 525\ € - 1675\ € = 300\ €$

5.

ungültig: 850 St. · 0,04 = 34 St.

Teresa: 850 St. · 0,44 = 374 St.

Alexander: 850 St. · 0,32 = <u>272 St.</u>

680 St.

Auf Mara entfielen also 850 St. – 680 St. = 170 Stimmen, das sind 20 %.

Berechnung des Grundwertes G

1.

a) $12\,\%$ von $G = 7560$

$0{,}12 \cdot G = 7560$

$G = 7560 : 0{,}12$

$G = 63000$

b) $37\,\%$ von $G = 40700$

$0{,}37 \cdot G = 40700$

$G = 40700 : 0{,}37$

$G = 110000$

c) $G = 850\ € : 0{,}15 \approx 5666{,}67\ €$

d) $G = 45\ € : 0{,}045 = 1000\ €$

e) $G = 1260\ € : 0{,}28 = 4500\ €$

f) $G = 64100\ € : 0{,}152 \approx 4217\ 10{,}53\ €$

2.

1. $P = 30\ €$
2. $p\,\% = 8\,\%$
3. $8\,\%$ von $G = 30\ €$
4. $G = 30\ € : 0{,}08 = 375\ €$

3.

$G = 15\ € : 0{,}25 = 60\ €$

4.

$G = 60\ € : 0{,}15 = 400\ €$

5.

$G = 4500\ t : 0{,}105 \approx 42857{,}14\ t$

6.

G = 200 l : 0,08 = 2500 l

7.

Schuhe: G = 36 € : 0,4 = 90 €

Strümpfe: G = 3,68 € : 0,4 = 9,20 €

Lösungsplan 2 – Vermischte Textaufgaben zur Prozentrechnung

1.

1. – 2. – 3. Gesparter Betrag
4. 15 % Rabatt; 246,50 € Endpreis
5. P = 246,50 €; p % = 100 % – 15 % = 85 %; G = P : p %
6. G = 246,50 € : 0,85 = 290 €
7. Gesparter Betrag: 290 € – 246,50 € = 43,50 €
8. – 9. Herr Müller hat 43,50 € gespart.

2.

3. Rabatt in %
4. alter Preis: 245 €; neuer Preis: 196 €
5. G = 245 €; P = 245 € – 196 € = 49 € (Rabatt in €); $p\% = \frac{P}{G}$
6. $p\% = \frac{49\,€}{245\,€} = 20\%$
9. Der Rabatt beträgt 20 %.

3.

3. Endpreis
4. alter Preis: 198 €; Rabatt 30 %
5. G = 198 €; p % = 100 % – 30 % = 70 %; P = G · p %
6. P = 198 € · 0,7 = 138,60 €
9. Die Jacke kostet jetzt 138,60 €.

4.

3. Endpreis
4. Rechnungsbetrag 4500 €; Skonto 3 %
5. G = 4500 €; p % = 100 % – 3 % = 97 %; P = G · p %
6. P = 4500 € · 0,97 = 4365 €

5.

3. Skonto in %
4. Rechnungsbetrag 280 €; Endpreis 266 €
5. G = 280 €; P = 280 € – 266 € = 14 €; $p\% = \frac{P}{G}$
6. $p\% = \frac{14\ €}{280\ €} = 5\%$

6.

3. Rechnungsbetrag; Endpreis
4. Skonto 3 % = 24,60 €
5. p % = 3 %; P = 24,60 €; G = P : p %
6. G = 24,60 € : 0,03 = 820 € Rechnungsbetrag
   820 € – 24,60 € = 795,40 € Endpreis

7.

3. Verlust in €
4. Verlust in %: 12 %; Verkaufspreis: 26,40 €
5. P = 26,40 €; p % = 100 % – 12 % = 88 %; G = P : p %
6. G = 26,40 € : 0,88 = 30 € Einkaufspreis
   30 € – 26,40 € = 3,60 € Verlust in €

8.

3. Gewinn in €
4. Gewinn in %: 12 %; Verkaufspreis: 33,60 €
5. P = 33,60 €; p % = 100 % + 12 % = 112 %; G = P : p %
6. G = 33,60 € : 1,12 = 30 € Einkaufspreis
   33,60 € – 30 € = 3,60 € Gewinn in €

9.

3. Zahlungsbetrag in €; regulärer Abgabepreis in €
4. Rabatt 5 %: 6,25 €
5. p % = 5 %; P = 6,25 €; G = P : p %
6. G = 6,25 € : 0,05 = 125 € regulärer Abgabepreis
   125 € – 6,25 € = 118,75 € Lennarts Zahlungsbetrag

10.

3. Verlust in €
4. Verlust in % : 15 %; Verkaufspreis 170 €
5. P = 170 €; p % = 100 % – 15 % = 85 %; G = P : p %
6. G = 170 € : 0,85 = 200 € regulärer Preis
   200 € – 170 € = 30 € Verlust in €

11.

3. Stimmenanzahl
4. Zunahme 760 St.: 3,8 %
5. P = 760 St.; p % = 3,8 %; G = P : p %
6. G = 760 St. : 0,038 = 20 000 St. Stimmenanzahl vorher
   20 000 St. + 760 St. = 20 760 St. Stimmenanzahl nach der Wahl

12.

3. Stimmenanzahl
4. Abnahme 920 St.: 4,6 %
5. P = 920 St.; p % = 4,6 %; G = P : p %
6. G = 920 St. : 0,046 = 20 000 St. Stimmenanzahl vorher
   20 000 St. – 920 St. = 19 080 St. Stimmenanzahl nach der Wahl

13.

3. Abnahme in %
4. Einwohnerzahl vorher: 4500; nachher: 4365
5. G = 4500 E.; P = 4500 E. – 4365 E. = 135 E.; $p\% = \frac{P}{G}$
6. $p\% = \frac{135\ E}{4500\ E} = 3\%$

14.

3. Zunahme in %
4. Einwohnerzahl vorher: 8200; nachher: 8323
5. G = 8200 E.; P = 8323 E. – 8200 E. = 123 E.; $p\% = \frac{P}{G}$
6. $p\% = \frac{123\ E}{8200\ E} = 1{,}5\%$

15.

3. Verpackung in %
4. Bruttogewicht 850 g; Nettogewicht 748 g
5. G = 850 g; P = 850 g – 748 g = 102 g; $p\% = \frac{P}{G}$
6. $p\% = \frac{102\ g}{850\ g} = 12\%$

16.

3. Nettogewicht
4. Bruttogewicht 24 kg; Verpackungsanteil 10 %
5. G = 24 kg; p % = 100 % – 10 % = 90 %; $P = G \cdot p\%$
6. $P = 24\ kg \cdot 0{,}9 = 21{,}6\ kg$

17.

3. Bruttogewicht
4. Nettogewicht 650 g; Verpackungsanteil 15 %
5. $P = 650$ g; $p\% = 100\% - 15\% = 85\%$; $G = P : p\%$
6. $G = 650 \text{ g} : 0{,}85 \approx 764{,}7 \text{ g}$

18.

3. Verpackung in %
4. Bruttogewicht 840 kg; Nettogewicht 720 kg
5. $G = 840$ kg; $P = 840 \text{ kg} - 720 \text{ kg} = 120 \text{ kg}$; $p\% = \frac{P}{G}$
6. $p\% = \frac{120 \text{ kg}}{840 \text{ kg}} \approx 14{,}3\%$

19.

3. Kleidung in %
4. Gewicht ohne Kleidung 58,2 kg; Gewicht mit Kleidung 60 kg
5. $G = 60$ kg; $P = 60 \text{ kg} - 58{,}2 \text{ kg} = 1{,}8 \text{ kg}$; $p\% = \frac{P}{G}$
6. $p\% = \frac{1{,}8 \text{ kg}}{60 \text{ kg}} = 0{,}03 = 3\%$

Suche den Grundwert

1.

a) Verkaufspreis; Bruttogewicht; Einkaufspreis; Einkaufspreis; Rechnungsbetrag

b)

100 %	–	p %	= 100 % – p %
Bruttogewicht	–	Verpackungsgewicht	= Nettogewicht
Einkaufspreis	+	Gewinn	= Verkaufspreis
Einkaufspreis	–	Verlust	= Verkaufspreis
Rechnungsbetrag	–	Skonto	= Endpreis

2.

Grundwert: $G = 420$ €; $P = 504 \text{ €} - 420 \text{ €} = 84$ € Gewinn;
$p\% = \frac{P}{G} = \frac{84 \text{ €}}{420 \text{ €}} = 20\%$ prozentualer Gewinn

3.

Grundwert: $G = 18$ kg; $p\% = 100\% - 8\% = 92\%$ Nettogewicht in %;
$P = G \cdot p\% = 18 \text{ kg} \cdot 0{,}92 = 16{,}56$ kg Nettogewicht

4.

Grundwert ist gesucht; $P = 117$ €; $p\% = 25\%$;
$G = P : p\% = 117 \text{ €} : 0{,}25 = 468$ € ursprünglicher Preis

Der Grundwert kann wechseln

1.

a) Verpackung: 450 g – 400 g = 50 g; $p\,\% = \frac{50\text{ g}}{450\text{ g}} \approx 11{,}1\,\%$

b) $p\,\% = \frac{280\text{ g}}{400\text{ g}} = 70\,\%$

2.

a) $G = 2500\text{ €}$; $p\,\% = \frac{1700\text{ €}}{2500\text{ €}} = 68\,\%$

b) $G = 1700\text{ €}$; $p\,\% = \frac{800\text{ €}}{1700\text{ €}} \approx 47{,}1\,\%$

c) $G = 2500\text{ €}$; $p\,\% = \frac{800\text{ €}}{2500\text{ €}} = 32\,\%$

3.

a) $G = 640$; $p\,\% = \frac{350}{640} \approx 54{,}7\,\%$

b) $G = 350$; $p\,\% = \frac{120}{350} \approx 34{,}3\,\%$

c) $G = 640$; $p\,\% = \frac{120}{640} \approx 18{,}8\,\%$

Mischaufgaben – Dreisatz und Prozentrechnung

1.

a) $P = G \cdot p\,\% = 20\text{ l} \cdot 0{,}15 = 3\text{ l}$

b) $P = G \cdot p\,\% = 30\text{ l} \cdot 0{,}25 = 7{,}5\text{ l}$

c) $3\text{ l} + 7{,}5\text{ l} = 10{,}5\text{ l}$; $p\,\% = \frac{P}{G} = \frac{10{,}5\text{ l}}{50\text{ l}} = 21\,\%$

2.

a) $P = G \cdot p\,\% = 10\text{ kg} \cdot 0{,}08 = 0{,}8\text{ kg}$

b) $P = 15\text{ kg} \cdot 0{,}05 = 0{,}75\text{ kg}$

c) $0{,}8\text{ kg} + 0{,}75\text{ kg} = 1{,}55\text{ kg}$; $p\,\% = \frac{P}{G} = \frac{1{,}55\text{ kg}}{25\text{ kg}} = 0{,}062 = 6{,}2\%$

3.

a) 1. Sorte: $P = G \cdot p\,\% = 2\text{ kg} \cdot 0{,}3 = 0{,}6\text{ kg}$

b) 2. Sorte: $P = G \cdot p\,\% = 3\text{ kg} \cdot 0{,}4 = 1{,}2\text{ kg}$

c) Mischung: $G = 2\text{ kg} + 3\text{ kg} = 5\text{ kg}$; $P = 0{,}6\text{ kg} + 1{,}2\text{ kg} = 1{,}8\text{ kg}$;
$p\,\% = \frac{P}{G} = \frac{1{,}8\text{ kg}}{5\text{ kg}} = 36\,\%$

4.

a) 1. Säurelösung: $P = G \cdot p\% = 3\ l \cdot 0{,}4 = 1{,}2\ l$

b) 2. Säurelösung: $P = G \cdot p\% = 5\ l \cdot 0{,}2 = 1\ l$

c) Mischung: $G = 8\ l$; $P = 2{,}2\ l$; $p\% = \frac{P}{G} = \frac{2{,}2\ l}{8\ l} = 27{,}5\%$

5.

a) 1. Legierung: $P = G \cdot p\% = 80\ kg \cdot 0{,}15 = 12\ kg$

b) 2. Legierung: $P = G \cdot p\% = 40\ kg \cdot 0{,}25 = 10\ kg$

c) Mischung: $G = 120\ kg$; $P = 22\ kg$; $p\% = \frac{P}{G} = \frac{22\ kg}{120\ kg} \approx 18{,}3\%$

6.

a) 1. Säurelösung: $P = 3\ l \cdot 0{,}1 = 0{,}3\ l$

b) 2. Säurelösung: $P = 5\ l \cdot 0{,}15 = 0{,}75\ l$

c) 3. Säurelösung: $P = 8\ l \cdot 0{,}2 = 1{,}6\ l$

d) Mischung: $G = 16\ l$; $P = 2{,}65\ l$; $p\% = \frac{2{,}65\ l}{16\ l} \approx 16{,}6\%$

7.

a) $P = 80\ kg \cdot 0{,}20 = 16\ kg$ reines Kupfer in der herzustellenden Legierung;
$P = 50\ kg \cdot 0{,}30 = 15\ kg$ reines Kupfer in der vorhandenen Legierung

b) $16\ kg - 15\ kg = 1\ kg$

c) $p\% = \frac{1\ kg}{30\ kg} \approx 3{,}3\%$ Kupfergehalt der fehlenden 30 kg.

8.

a) $P = 120\ kg \cdot 0{,}30 = 36\ kg$ Kakao in der herzustellenden Schokolade;
$P = 80\ kg \cdot 0{,}40 = 32\ kg$ Kakao in der vorhandenen Schokolade

b) $36\ kg - 32\ kg = 4\ kg$ benötigter Kakao;
$120\ kg - 80\ kg = 40\ kg$ restliche Schokoladenmasse

c) $p\% = \frac{4\ kg}{40\ kg} = 10\%$ Kakaoanteil in den fehlenden 40 kg.

9.

a) $P = 150\ l \cdot 0{,}20 = 30\ l$ Alkohol im herzustellenden Mixgetränk;
$P = 120\ l \cdot 0{,}15 = 18\ l$ Alkohol in den vorhandenen 120 l

b) $30\ l - 18\ l = 12\ l$ benötigter Alkohol; $150\ l - 120\ l = 30\ l$ restl. Menge

c) $p\% = \frac{12\ l}{30\ l} = 40\%$.

Zinsrechnung

5

Jahreszinsen Z

1.

1. K = 25 000 €   2. p % = 8 %   3. Z = 25 000 € · 0,08 = 2000 €

2.

1. K = 12 500 €   2. p % = 4 %   3. Z = 12 500 € · 0,04 = 500 €

3.

a) 602 €   b) 114 €   c) 67,20 €   d) 33,60 €

e) 360 €   f) 1,75 €

4.

a) 1. K = 250 000 €
   2. p % = $3\frac{1}{2}$ %
   3. Z = 250 000 € · 0,035 = 8750 €
   1. K = 150 000 €
   2. p % = $3\frac{3}{4}$ %
   3. Z = 150 000 € · 0,0375 = 5625 €
   Jahreszinsen: 8750 € + 5625 € = 14 375 €

b) 14 375 € : 12 ≈ 1197,92 €

5.

a) 1. K = 3240 €
   2. p % = $2\frac{3}{4}$ %
   3. Z = 3240 € · 0,0275 = 89,10 €

   1. K = 2500 €
   2. p % = $3\frac{1}{4}$ %
   3. Z = 2500 € · 0,0325 = 81,25 €
   Jahreszinsen: 89,10 € + 81,25 € = 170,35 €

b) 170,35 € – 120 € = 50,35 €
   Guido kann die Kamera kaufen und behält noch 50,35 € von den Zinsen übrig.

Kapital K – Zinssatz p %

1.

1. $Z = 7200$ €   2. $p\% = 4{,}5\%$ 3. $K = 7200\text{ €} : 0{,}045 = 160000$ €

2.

a) 12000 €   b) 7200 €   c) 350 €   d) 12500 €
e) 12050 €   f) 28000 €

3.

1. $K = 25000$ €   2. $Z = 2125$ €   3. $p\% = \frac{2125\text{ €}}{25000\text{ €}} = 8{,}5\%$

4.

a) 11 %   b) 1,9 %   c) 2,5 %   d) 5 %

5.

a) $Z = 6500\text{ €} \cdot 0{,}04 = 260$ €   b) $K = 125{,}50\text{ €} : 0{,}05 = 2510$ €
c) $p\% = \frac{264\text{ €}}{2400\text{ €}} = 0{,}11 = 11\%$

Zinsen Z_t für kleinere Zeitspannen

1.

a) $Z_t = 72000\text{ €} \cdot 0{,}04 = 2880$ €   b) $Z_t = 2880\text{ €} \cdot \frac{1}{360} = 8$ €
c) $Z_t = 2880\text{ €} \cdot \frac{45}{360} = 2880\text{ €} \cdot \frac{1}{8} = 360$ €   d) $Z_t = 2880\text{ €} \cdot \frac{1}{12} = 240$ €
e) $Z_t = 2880\text{ €} \cdot \frac{5}{12} = 1200$ €

2.

a) 1800 €   b) 5 €   c) 550 €   d) 150 €
e) 1050 €   f) 450 €   g) 900 €   h) 1350 €

3.

$Z_t = 4800\text{ €} \cdot 0{,}065 \cdot \frac{5}{12} = 130$ €

4.

a) $Z_t = 6000\text{ €} \cdot 0{,}04 \cdot \frac{45}{360} = 30\text{ €}$

b) $Z_t = 12000\text{ €} \cdot 0{,}085 \cdot \frac{11}{12} = 935\text{ €}$

c) 360 €

Weitere Aufgaben mit Z_t

1.

$K = \frac{1500\text{ €}}{0{,}03 \cdot \frac{3}{4}} \approx 66666{,}67\text{ €}$

2.

a) $K = \frac{500\text{ €}}{0{,}06 \cdot \frac{200}{360}} = 15000\text{ €}$

b) $K = \frac{1200\text{ €}}{0{,}05 \cdot \frac{2}{12}} = 144000\text{ €}$

c) 72000 €

3.

$p\,\% = \frac{10\text{ €}}{1000\text{ €} \cdot \frac{1}{12}} = 12\,\%$

4.

a) $p\,\% = \frac{180\text{ €}}{9600\text{ €} \cdot \frac{3}{12}} = 7{,}5\,\%$

b) $p\,\% = \frac{100\text{ €}}{7200\text{ €} \cdot \frac{50}{360}} = 10\,\%$

Lösungsplan 3 – Vermischte Aufgaben zur Zinsrechnung

1.

3. Zinsen
4. Sparguthaben 2400 €; Zinssatz 4 % für 3 Monate und für den Rest des Jahres (9 Monate) 3 %
5. a) Z_t
   b) Zeitfaktor für 3 Monate: $t = \frac{3}{12} = \frac{1}{4}$; 9 Monate: $t = \frac{3}{4}$
   $Z_t = K \cdot p\,\% \cdot t$
6. Für 3 Monate: $Z_t = 2400\text{ €} \cdot 0{,}04 \cdot \frac{1}{4} = 24\text{ €}$
   Für 9 Monate: $Z_t = 2400\text{ €} \cdot 0{,}03 \cdot \frac{3}{4} = 54\text{ €}$
7. 24 € + 54 € = 78 € Gesamtzinsen

2.

4. Kredit 60 000 €; Zinssatz 8 % für 7 Monate, 10 % für 5 Monate
5. b) Zeitfaktor für 7 Monate: $t = \frac{7}{12}$, für 5 Monate: $t = \frac{5}{12}$

   $Z_t = K \cdot p\% \cdot t$
6. Für 7 Monate: $Z_t = 60\,000\ € \cdot 0{,}08 \cdot \frac{7}{12} = 2800\ €$

   Für 5 Monate: $Z_t = 60\,000\ € \cdot 0{,}10 \cdot \frac{5}{12} = 2500\ €$
7. Gesamtzinsen: 2800 € + 2500 € = 5300 €

3.

4. Kredit 20 000 €; Zinssatz 6 % für 100 Tage
5. b) Zeitfaktor für 100 Tage: $t = \frac{100}{360} = \frac{5}{18}$; $Z_t = K \cdot p\% \cdot t$
6. $Z_t = 20\,000\ € \cdot 0{,}06 \cdot \frac{5}{18} \approx 333{,}33\ €$
7. 20 000 € + 333,33 € = 20 333,33 € sind zurückzuzahlen.

4.

4. Sparguthaben 4200 €; Zinssatz 3 % für 5 Monate, 4 % für 7 Monate
5. b) Zeitfaktor für 5 Monate: $t = \frac{5}{12}$, für 7 Monate $t = \frac{7}{12}$
6. Für 5 Monate: $Z_t = 4200\ € \cdot 0{,}03 \cdot \frac{5}{12} = 52{,}50\ €$

   Für 7 Monate: $Z_t = 4200\ € \cdot 0{,}04 \cdot \frac{7}{12} = 98\ €$
7. Gesamtzinsen: 52,50 € + 98 € = 150,50 €

   Neues Sparguthaben: 4200 € + 150,50 € = 4350,50 €

5.

4. Darlehen: 30 000 €; Zinssatz 6 % bzw. 8 % für je $\frac{1}{2}$ Jahr
5. b) Zeitfaktor jeweils $t = \frac{1}{2}$
6. erstes Halbjahr: $Z_t = 30\,000\ € \cdot 0{,}06 \cdot \frac{1}{2} = 900\ €$

   zweites Halbjahr: $Z_t = 30\,000\ € \cdot 0{,}08 \cdot \frac{1}{2} = 1200\ €$
7. Gesamtzinsen: 2100 €; Gesamtschulden: 32 100 €

6.

4. Sparguthaben 5000 €, Zinssatz 4 % ganzjährig;

   Einzahlung 2000 €, Zinssatz 4 % für 12 – 7 = 5 Monate
5. b) Zeitfaktor für die Einzahlung: $t = \frac{5}{12}$
6. Sparguthaben: $Z = 5000\ € \cdot 0{,}04 = 200\ €$

   Einzahlung: $Z_t = 2000\ € \cdot 0{,}04 \cdot \frac{5}{12} \approx 33{,}33\ €$
7. Gesamtzinsen: 200 € + 33,33 € = 233,33 €

   Gesamtguthaben: 5000 € + 2000 € + 233,33 € = 7233,33 €

7.

6. Zinsen für 4000 € (ganzjährig): $Z = 4000\text{ €} \cdot 0{,}08 = 320\text{ €}$
   Zinsen für 3000 € (für 9 Monate): $Z_t = 3000\text{ €} \cdot 0{,}08 \cdot \frac{3}{4} = 180\text{ €}$
   Zinsen für 2000 € (für 7 Monate): $Z_t = 2000\text{ €} \cdot 0{,}08 \cdot \frac{7}{12} \approx 93{,}33\text{ €}$
7. Gesamtzinsen: 593,33 €; Gesamtguthaben: 9593,33 €

8.

6. Zinsen für 8000 € (4 Monate): $Z_t = 8000\text{ €} \cdot 0{,}06 \cdot \frac{4}{12} = 160\text{ €}$
   Zinsen für 13000 € (3 Monate): $Z_t = 13000\text{ €} \cdot 0{,}06 \cdot \frac{3}{12} = 195\text{ €}$
   Zinsen für 10000 € (5 Monate): $Z_t = 10000\text{ €} \cdot 0{,}06 \cdot \frac{5}{12} = 250\text{ €}$
7. Gesamtzinsen: 605 €; Gesamtguthaben: 10605 €

9.

6. Zinsen für 30000 € (2 Monate): $Z_t = 30000\text{ €} \cdot 0{,}05 \cdot \frac{2}{12} = 250\text{ €}$
   Zinsen für 25000 € (3 Monate): $Z_t = 25000\text{ €} \cdot 0{,}05 \cdot \frac{3}{12} = 312{,}50\text{ €}$
   Zinsen für 15000 € (1 Monat): $Z_t = 15000\text{ €} \cdot 0{,}05 \cdot \frac{1}{12} = 62{,}50\text{ €}$
   Zinsen für 3000 € (6 Monate): $Z_t = 3000\text{ €} \cdot 0{,}05 \cdot \frac{1}{2} = 75\text{ €}$
7. Gesamtzinsen: 700 €; Kontostand: 3700 €

10.

3. Anfangskapital
4. Endkapital 8480 €; Zinssatz 6 %
5. a) Jahreszinsen
   b) Endkapital 8480 € entspricht 106 %
6. $K = 8480\text{ €} : 1{,}06 = 8000\text{ €}$

11.

wie (10) 6. $K = 4200\text{ €} : 1{,}05 = 4000\text{ €}$

12.

5. a) Zinsen Z_t für $\frac{1}{2}$ Jahr mit 6 %, d. h. $t = \frac{1}{2}$ bezieht sich nur auf den Zinssatz 6 %
   b) Dem Endkapital 2575 € entspricht $100\,\% + p\,\% \cdot t = 103\,\%$
6. $K = 2575\text{ €} : 1{,}03 = 2500\text{ €}$

13.

wie (12) 5. b) 63600 € entspricht $100\,\% + p\,\% \cdot t = 100\,\% + 8\,\% \cdot \frac{3}{4} = 106\,\%$

6. $K = 63600\text{ €} : 1{,}06 = 60000\text{ €}$

14.

$Z_t = 100\,€ \quad \text{für } t = \frac{3}{12} = \frac{1}{4}$

$p\,\% = \frac{Z_t}{K \cdot t} = \frac{100\,€}{2000\,€ \cdot \frac{1}{4}} = 20\,\%$

15.

$Z_t = 500\,€ \quad \text{für } t = \frac{5}{12}; \quad p\,\% = \frac{500\,€}{8000\,€ \cdot \frac{5}{12}} = 15\,\%$

16.

$Z_t = 1000\,€ \quad \text{für } t = \frac{8}{12} = \frac{2}{3}; \quad p\,\% = \frac{1000\,€}{12\,000\,€ \cdot \frac{2}{3}} = 12{,}5\,\%$

17.

erste Hypothek: $Z = 80\,000\,€ \cdot 0{,}075 = 6000\,€$ Zinsen im Jahr
zweite Hypothek: $Z = 50\,000\,€ \cdot 0{,}095 = 4750\,€$ Zinsen im Jahr
jährliche Belastung: $6000\,€ + 4750\,€ = 10\,750\,€$
monatliche Belastung: $10\,750 : 12 \approx 895{,}83\,€$

18.

erste Hypothek: $Z = 30\,000\,€ \cdot 0{,}065 = 1950\,€$ Jahreszinsen
zweite Hypothek: $Z = 50\,000\,€ \cdot 0{,}09 = 4500\,€$ Jahreszinsen
Gesamtzinsen: 6450 €; Gesamthypothek: 80 000 €
Zinssatz für Gesamthypothek: $p\,\% = \frac{6450\,€}{80\,000\,€} \approx 8{,}1\,\%$

19.

Hypothekenzinsen: $Z = 90\,000\,€ \cdot 0{,}09 = 8100\,€$ (= Zinsertrag aus 100 000 €);
$p\,\% = \frac{8100\,€}{100\,000\,€} = 8{,}1\,\%$ notwendiger Zinssatz

Anwendungsaufgaben von Prozentrechnung und Zinsrechnung

1.

Verdienst: $9000\,€ - 8000\,€ = 1000\,€$; $\frac{1000\,€}{8000\,€} = 12{,}5\,\%$ Gewinn

2.

a) Verlust in € : 8000 €; in %: $\frac{8000\,€}{25\,000\,€} = 32\,\%$
b) $Z_t = 25\,000\,€ \cdot 0{,}05 \cdot \frac{1}{2} = 625\,€$
Das Kapital wäre auf 25 625 € angewachsen.

3.

a) 0,7 l · 0,12 = 0,084 l reiner Alkohol

b) Flüssigkeitsmenge insgesamt 1,2 l, davon 0,084 l Alkohol

$p\% = \frac{0{,}084\ l}{1{,}2\ l} = 7\%$

4.

a) P = 2,5 l · 0,15 = 0,375 l Fruchtsaft

b) 3 l verdünnter Fruchtsaft enthält 0,375 l reinen Fruchtsaft

$p\% = \frac{0{,}375\ l}{3\ l} = 12{,}5\%$

5.

a) erste Hypothek: Z = 60 000 € · 0,09 = 5400 € Jahreszinsen

zweite Hypothek: Z = 90 000 € · 0,07 = 6300 € Jahreszinsen

Zinsbelastung im Jahr: 11 700 €

b) Gesamthypothek: 150 000 €, Zinsbelastung 11 700 € jährlich

$p\% = \frac{11\,700\ €}{150\,000\ €} = 7{,}8\%$

c) K = 11 700 € : 0,05 = 234 000 €

6.

a) erster Kredit: Z = 8000 € · 0,12 = 960 € Zinsen jährlich

zweiter Kredit: Z = 15 000 € · 0,08 = 1200 € Zinsen jährlich

zusammen: 2160 €

b) Gesamtkredit 23 000 €; $p\% = \frac{2160\ €}{23\,000\ €} \approx 9{,}4\%$

c) K = 2160 € : 0,06 = 36 000 €

7.

a) Zinsen für: 1500 € (für 2 Monate): $Z_t = 1500\ € \cdot 0{,}03 \cdot \frac{2}{12} = 7{,}50\ €$

2300 € (für 3 Monate): $Z_t = 2300\ € \cdot 0{,}03 \cdot \frac{3}{12} = 17{,}25\ €$

2800 € (für 4 Monate): $Z_t = 2800\ € \cdot 0{,}03 \cdot \frac{4}{12} = 28\ €$

1800 € (für 3 Monate): $Z_t = 1800\ € \cdot 0{,}03 \cdot \frac{3}{12} = 13{,}50\ €$

Gesamtzinsen: 66,25 €

b) K = 66,25 € : 0,03 ≈ 2208,33 €

8.

a) Zinsen für: 4000 € (für 3 Monate): $Z_t = 4000\,€ \cdot 0{,}04 \cdot \frac{3}{12} = 40\,€$

4500 € (für 4 Monate): $Z_t = 4500\,€ \cdot 0{,}04 \cdot \frac{4}{12} = 60\,€$

3500 € (für 2 Monate): $Z_t = 3500\,€ \cdot 0{,}04 \cdot \frac{2}{12} \approx 23{,}33\,€$

4100 € (für 3 Monate): $Z_t = 4100\,€ \cdot 0{,}04 \cdot \frac{3}{12} = 41\,€$

Gesamtzinsen: 164,33 €

b) K = 164,33 € : 0,04 = 4108,25 €

9.

a) Maurer: $p\,\% = \frac{140\,000\,€}{320\,000\,€} \approx 43{,}8\,\%$

Dachdecker: $p\,\% = \frac{70\,000\,€}{320\,000\,€} \approx 21{,}9\,\%$

Installation: $p\,\% = \frac{50\,000\,€}{320\,000\,€} \approx 15{,}6\,\%$

Eigenleistung: 100 % – 43,8 % – 21,9 % – 15,6 % = 18,7 %

b) Maurer: 140 000 € · 1,08 = 151 200 €

Dachdecker: 70 000 € · 1,08 = 75 600 €

Installation: 50 000 € · 1,08 = 54 000 €

Eigenleistung: 60 000 € · 1,08 = 64 800 €

neue Gesamtkosten: 345 600 €

10.

a) Heizung und Miete: $p\,\% = \frac{800\,€}{2500\,€} = 32\,\%$

Versicherung und Auto: $p\,\% = \frac{300\,€}{2500\,€} = 12\,\%$

Lebenshaltungskosten: $p\,\% = \frac{1200\,€}{2500\,€} = 48\,\%$

Sparen (200 €): $p\,\% = \frac{200\,€}{2500\,€} = 8\,\%$

b) Heizung und Miete: 800 € · 1,04 = 832 €

Versicherung und Auto: 300 € · 1,04 = 312 €

Lebenshaltungskosten: 1200 € · 1,04 = 1248 €

Sparen: 200 € · 1,04 = 208 €

c) Neues Gehalt: 2500 € · 1,04 = 2600 €, also 100 € mehr. Sie will jetzt 200 € + 100 € = 300 € sparen, das sind $p\,\% = \frac{300\,€}{2600\,€} \approx 11{,}5\,\%$ vom neuen Gehalt.

11.

Grundwert G = 90 € + 30 € = 120 €; P = 90 €

$p\,\% = \frac{P}{G} = \frac{90\,€}{120\,€} = 0{,}75$

90 € entsprechen also 75 % des Grundwertes, damit betrug die Ersparnis 25 %. Also hat Frau Rieger Recht.

Lineare Gleichungen

6

Lösen von linearen Gleichungen durch Äquivalenzumformungen

1.

a)
$$\begin{aligned} 7x - 15 &= 4x + 3 &&| -4x \\ 3x - 15 &= 3 &&| +15 \\ 3x &= 18 &&| :3 \\ x &= 6 && L = \{6\} \end{aligned}$$

b)
$$\begin{aligned} 12x + 8 &= 21 - x &&| +x \\ 13x + 8 &= 21 &&| -8 \\ 13x &= 13 &&| :13 \\ x &= 1 && L = \{1\} \end{aligned}$$

c) $L = \{2\}$

d) $L = \{3\}$

e) $L = \left\{\frac{1}{3}\right\}$

f) $L = \{0\}$

2.

a) $L = \{-18\}$

b) $L = \{2{,}5\}$

c) $L = \{1\}$

d) $L = \{4\}$

e) $L = \left\{-\frac{4}{3}\right\}$

f) $L = \{-2\}$

3.

a)
$$\begin{aligned} 10 - 3x + 2(5x - 2) &= 7(x + 5) - 3x - 5 \\ 10 - 3x + 10x - 4 &= 7x + 35 - 3x - 5 \\ 6 + 7x &= 4x + 30 &&| -4x \\ 6 + 3x &= 30 &&| -6 \\ 3x &= 24 &&| :3 \\ x &= 8 \\ L &= \{8\} \end{aligned}$$

b)
$$\begin{aligned} 13(2x - 1) - (x + 23) &= 7x \\ 26x - 13 - x - 23 &= 7x \\ 25x - 36 &= 7x &&| -7x \\ 18x - 36 &= 0 &&| +36 \\ 18x &= 36 &&| :18 \\ x &= 2 \\ L &= \{2\} \end{aligned}$$

c) $L = \{3\}$

d) $L = \left\{\frac{1}{2}\right\}$

e) $L = \{-6\}$

f) $L = \{0\}$

4.

a)
$$\begin{aligned} x^2 + 1 &= x^2 - 2x - 1 && |-x^2 \\ 1 &= -2x - 1 && |+1 \\ 2 &= -2x && |:(-2) \\ -1 &= x \\ L &= \{-1\} \end{aligned}$$

b)
$$\begin{aligned} 3x^2 + 5 &= x(3x - 8) + 9 \\ 3x^2 + 5 &= 3x^2 - 8x + 9 && |-3x^2 \\ 5 &= -8x + 9 && |-9 \\ -4 &= -8x && |:(-8) \\ \tfrac{1}{2} &= x \\ L &= \left\{\tfrac{1}{2}\right\} \end{aligned}$$

c) $L = \{-8\}$

d) $L = \left\{\frac{9}{5} = 1{,}8\right\}$

e) $L = \{-4\}$

f) $L = \{4\}$

g) $L = \{-3\}$

h) $L = \{13\}$

Zahlenrätsel

Beispiel: L = {3}

1.

a) $7 +$ oder $+ 7$

b) $x + 7$

c) $7 \cdot x$

d) $\frac{x}{7}$

e) $x - 7$

f) $- 7$

g) x^2

h) $2x$

i) $2 \cdot (x + 7)$

j) $7 \cdot$ oder $\cdot 7$

2.

a) –

b)

Signalwörter	Term
vermindert man um 5	-5
das 7fache einer Zahl	$7 \cdot x$
dasselbe wie	$=$
das 6fache der Zahl	$6 \cdot x$
um 3 erhöht	$3 +$ oder $+ 3$

c) $7x - 5 = 6x + 3$; $L = \{8\}$

3.

a)

Signalwörter	Term
vergrößert man 15	15 +
das 4fache einer Zahl	$4 \cdot x$
man vergrößert 5	5 +
das 6fache dieser Zahl	$6 \cdot x$

$15 + 4x = 5 + 6x$; $L = \{5\}$

b) $5x - 3 = 3x + 9$; $L = \{6\}$

c) $3 - 5x = 13 - 15x$; $L = \{1\}$

d) $\frac{1}{2}x - 1 = x + 2$; $L = \{-6\}$

e) $4(x + 4) = 3(x + 8)$; $L = \{8\}$

f) $7(x + 2) = 3x - 10$; $L = \{-6\}$

4.

a) $x = 2$

b) $3x + 5 = x + 9$; $L = \{2\}$

5.

a) $4x - 7 = 5x - 3$ oder $4x - 7 + 3 = 5x$; $L = \{-4\}$

b) $2x + 11 = x + 6$ oder $2x + 11 - 6 = x$; $L = \{-5\}$

Altersrätsel

1.

a)

	heute	in 4 Jahren
Frau K.	x	x + 4
Sarah	y	y + 4
Beziehung	x = 4y	x + 4 = 3(y + 4)

b)
$$\begin{aligned} x + 4 &= 3(y + 4) && x = 4y \text{ ersetzen} \\ 4y + 4 &= 3y + 12 && |-3y \\ y + 4 &= 12 && |-4 \\ y &= 8 \\ x &= 4 \cdot y = 32 \end{aligned}$$

c) In 4 Jahren wird Frau K. 32 + 4 = 36 Jahre und Sarah 8 + 4 = 12 Jahre alt sein. 36 ist das Dreifache von 12.

d) Frau Kingreen ist heute 32 Jahre und Sarah 8 Jahre alt.

2.

a)

	heute	in 6 Jahren
Herr E.	x	$x + 6$
Oliver	y	$y + 6$
Beziehung	$x = 5y$	$x + 6 = 3(y + 6)$

$x + 6 = 3(y + 6)$ $x = 5y$ ersetzen

$5y + 6 = 3y + 18$

...

$y = 6; \quad x = 30$

Herr Eggers ist heute 30 Jahre, Oliver 6 Jahre alt.

b)

	heute	in 3 Jahren
Henning	x	$x + 3$
Olaf	y	$y + 3$
Beziehung	$x = y + 4$	$x + 3 = 2(y + 3)$

$x + 3 = 2(y + 3)$ $x = y + 4$ ersetzen

$y + 4 + 3 = 2y + 6$

...

$y = 1; \quad x = 5$

Henning ist heute 5 Jahre, Olaf 1 Jahr alt.

c) Karola: x; Petra: y

Beziehungsgleichung: $y + 8 + 2 = 2(y + 2)$; $y = 6$; $x = 14$

Petra ist heute 6, Karola 14 Jahre alt.

d) Frau Vogel: x; Nicole: y

Beziehungsgleichung: $x - 7 + y - 7 = 50$; $x = 3y$ ersetzen

$3y - 7 + y - 7 = 50$

$y = 16, x = 48$

Frau Vogel ist heute 48, Nicole 16 Jahre alt.

3.

a)

	heute	vor 22 Jahren
Sonja	x	$x - 22$
Matthias	$x + 10$	$x + 10 - 22 = x - 12$
Beziehung		$x - 12 = 2(x - 22)$

$$\dots$$
$$x = 32$$

Sonja ist heute 32, Matthias 42 Jahre alt.

b)

	heute	vor 4 Jahren
Martin	x	$x - 4$
Christiane	$12 - x$	$12 - x - 4 = 8 - x$
Beziehung		$8 - x = 3(x - 4)$

$$\dots$$
$$x = 5$$

Martin ist 5, Christiane 7 Jahre alt.

c) Carolin: x; Beziehungsgleichung: $4(x + 6) = 10x + 6$; $x = 3$

Frau Kaiser ist 30, Carolin 3 Jahre alt.

d) Konstantin: x; Beziehungsgleichung: $4(x + 6) = 43 + 6 - x$; $x = 5$

Herr Nentwig ist 38, Konstantin 5 Jahre alt.

4.

a) Inga: x; Beziehungsgleichung: $3x - 8 = 5(x - 8)$; $x = 16$

Frau Berkle ist 48, Inga 16 Jahre alt.

b) Merle: x; Beziehungsgleichung: $3(x + 4) = 48 + 4 - x$; $x = 10$

Herr Brückner ist 38, Merle 10 Jahre alt.

c) Pascal: x; Beziehungsgleichung: $2(x + 4) = 4x + 4$; $x = 2$

Philipp ist 8, Pascal 2 Jahre alt.

d) Tobias: x; Beziehungsgleichung: $x - 5 + 3x - 5 = 38$; $x = 12$

Herr Heilshorn ist 36, Tobias 12 Jahre alt.

Aus der Geometrie

1.

Zwei Variablen (a und b):

1. Seite 4 cm kürzer als die 2. Seite	$a = b - 4$
Umfang	$36 = 2a + 2b$
Beziehung	$36 = 2(b - 4) + 2b$

Lösung: $b = 11$, $a = 7$

Die Seiten sind $a = 7$ cm und $b = 11$ cm.

2.

a)

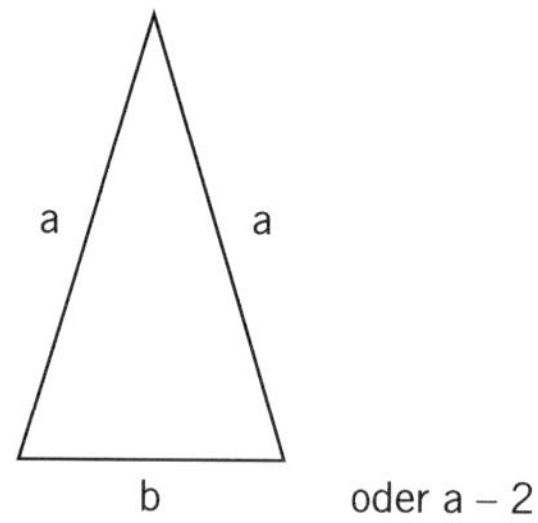

b) Eine Variable:

$28 = a + a + a - 2 = 3a - 2$

$a = 10$ cm

Die Schenkel sind 10 cm lang,
die Basis ist 8 cm lang.

3.

a)

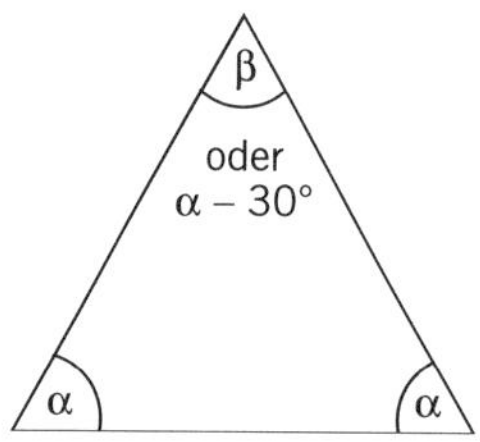

b) Eine Variable:

$180° = \alpha + \alpha + \alpha - 30° = 3\alpha - 30°$

$\alpha = 70°$

Die Basiswinkel sind 70°, der
Scheitelwinkel ist 40° groß.

4.

Der Scheitelwinkel ist 88°, die Basiswinkel sind 46° groß.

5.

a)

	Term
1. Seite	a
2. Seite	$b = a + 2$
3. Seite	$c = a - 5$
Umfang	$a + b + c = 30$
	$a + a + 2 + a - 5 = 30$

b) $a = 11$ cm

c) $b = 13$ cm, $c = 6$ cm

d) Probe: $a + b + c = 11 + 13 + 6 = 30$

Die Seiten der Dreiecke sind 11 cm, 13 cm und 6 cm lang.

6.

	Term	
1. Seite	a	
2. Seite	$a + 2$	
3. Seite	$a - 5$	
Umfang	$a + a + 2 + a - 5 = 30$	(wie in 5.!)

7.

Die Seiten sind 13 cm, 26 cm und 6 cm lang.

8.

Die Winkel sind 58°, 83° und 39° groß.

9.

a) $A = a \cdot b = 6\text{ cm} \cdot 10\text{ cm} = 60\text{ cm}^2$

b) $A' = 60\text{ cm}^2$

c) $b' = A' : a' = 60\text{ cm}^2 : 7{,}5\text{ cm} = 8\text{ cm}$

10.

a) Flächeninhalt des Quadrats: $A_Q = 36\text{ cm}^2$

Flächeninhalt des Rechtecks: $A_R = 36\text{ cm}^2$

$b = A_R : a = 36\text{ cm}^2 : 8\text{ cm} = 4{,}5\text{ cm}$

Das Rechteck besitzt die Seiten $a = 8$ cm und $b = 4{,}5$ cm.

b) Das Rechteck hat die Seiten $a' = 20$ cm und $b' = 17$ cm.

c) Umfang von Quadrat und Rechteck: $u = 48$ cm.

Das Rechteck hat die Seiten $a = 10$ cm und $b = 14$ cm.

11.

Garten des Herrn Rübsaat: $A = 15\text{ m} \cdot 25\text{ m} + 75\text{ m}^2 = 450\text{ m}^2$

Länge des Gartens jetzt: $450\text{ m}^2 : 15\text{ m} = 30\text{ m}$

12.

Bestellte Fliesen ergeben: $2{,}4\text{ m} \cdot 3{,}5\text{ m} = 8{,}4\text{ m}^2$

Eigentliche Fläche des Badezimmers: $8{,}4\text{ m}^2 - 0{,}96\text{ m}^2 = 7{,}44\text{ m}^2$

Länge des Badezimmers: $7{,}44\text{ m}^2 : 2{,}4\text{ m} = 3{,}1\text{ m}$

Verteilungsaufgaben

1.

a)

Kristina	x	x
Maren	y	$y = x + 15$
Tobias	z	$z = y + 10 = x + 25$
Summe	$x + y + z = 130$	$x + x + 15 + x + 25 = 130$

b) $x = 30$, $y = 45$, $z = 55$

c) $30 + 45 + 55 = 130$

d) Tobias erhält 55, Maren 45 und Kristina 30 Gummibärchen.

2.

1. Rohr	x	x
2. Rohr	y	$y = 2x$
3. Rohr	z	$z = x + 20$
Gesamtlänge	$x + y + z = 200$	$x + 2x + x + 20 = 200$

Angaben in cm

Die Rohrstücke sind 45 cm, 90 cm und 65 cm lang.

3.

1. Stück (Kühlschrank)	x	x
2. Stück (Heikes Eltern)	y	$y = \frac{1}{2}x$
3. Stück (Martins Großmutter)	z	$z = y - 4 = \frac{1}{2}x - 4$
Gesamtlänge	$x + y + z = 48$	$x + \frac{1}{2}x + \frac{1}{2}x - 4 = 48$

Die einzelnen Stücke sind 26 cm, 13 cm und 9 cm lang.

4.

Nils	x	x
Lars	y	$y = \frac{1}{2}x$
Jens	z	$z = 2x$
Gewinn	$x + y + z = 87{,}50$ €	$x + \frac{1}{2}x + 2x = 87{,}50$ €

$x = 25$; $y = 12{,}50$; $z = 50$

Nils erhält 25 €, Lars 12,50 € und Jens 50 €.

5.

Bettina	x
Karola	$x + 11$
Sabine	$2x$
Summe	$x + x + 11 + 2x = 115$

Bettina muss 26 €, Karola 37 € und Sabine 52 € bezahlen.

6.

Herr Zimmermann	x
Herr Berkle	$x + 8$
Herr Peters	$x + 8 + 9 = x + 17$
Summe	$x + x + 8 + x + 17 = 106$

Herr Zimmermann bekommt 27, Herr Berkle 35 und Herr Peters 44 Flaschen.

7.

Henning	x	$x = y + 2$
Olaf	y	y
Oliver	w	$w = x + 4 = y + 6$
Max	z	$z = w - 3 = y + 3$
Summe	$x + y + z + w = 47$	$y + 2 + y + y + 3 + y + 6 = 47$

Henning gehören 11, Olaf 9, Max 12 und Oliver 15 Autos.

8.

Einsen	x	$x = 2w$
Zweien	y	$y = 3w$
Dreien	z	$z = 2x = 4w$
Vieren	v	$v = y - 1 = 3w - 1$
Fünfen	w	w
Summe	$x + y + z + v + w = 25$	$2w + 3w + 4w + 3w - 1 + w = 25$

Es gab 4 Einsen, 6 Zweien, 8 Dreien, 5 Vieren und 2 Fünfen.

9.

Die einzelnen Stücke sind 20 cm, 10 cm und 16 cm lang.

10.

Die Tankwagen können 10 t, 30 t und 18 t Öl transportieren.

11.

Die erste Bank zahlt 5, die zweite 2,5, die dritte 1,25 und die vierte 3,75 Millionen €.

12.

Es sind 11 rote, 9 gelbe und 14 grüne Kugeln.

Bewegungsaufgaben

1.

a) Flugzeug	Geschwindigkeit	Wegstrecke
aus Hamburg	380 km pro h	380 x
aus München	340 km pro h	340 x
Gesamtstrecke		380 x + 340 x = 660

b) $x = \frac{11}{12}$ h = 55 min. Das Flugzeug aus Hamburg hat dann

$380 \cdot \frac{11}{12} = 348\frac{1}{3}$ km, das aus München $340 \cdot \frac{11}{12} = 311\frac{2}{3}$ km zurückgelegt.

c) $348\frac{1}{3}$ km + $311\frac{2}{3}$ km = 660 km.

d) Die Flugzeuge fliegen 55 Minuten nach dem Start aneinander vorbei. Sie haben dann $348\frac{1}{3}$ km bzw. $311\frac{2}{3}$ km zurückgelegt.

2.

Beziehungsgleichung: $7x + 11x = 30$

Sie benötigen $\frac{5}{3}$ Stunden oder 100 Minuten. Der Saloon ist von Sams Haus $11\frac{2}{3}$ Meilen, von Joes Haus $18\frac{1}{3}$ Meilen entfernt.

3.

a)

	Fahrzeit in Stunden	Geschwindigkeit in km pro Stunde	Wegstrecke in km
Brückner	x	120	$120x$
Heilshorn	$x + \frac{1}{3}$	100	$100\left(x + \frac{1}{3}\right)$

b) $120\,x = 100\left(x + \frac{1}{3}\right)$; $x = \frac{5}{3}$

Nach $\frac{5}{3}$ Stunden oder 100 Minuten haben Brückners Heilshorns eingeholt.

c) Brückners haben $120 \cdot \frac{5}{3} = 200$ km,

Heilshorns $100 \cdot \left(\frac{5}{3} + \frac{1}{3}\right) = 100 \cdot 2 = 200$ km zurückgelegt.

d) Nach 100 Minuten und einer Strecke von 200 km haben Brückners Heilshorns eingeholt.

4.

Beziehungsgleichung: $30x = 25\left(x + \frac{1}{6}\right)$

Heinz holt Uli nach $\frac{5}{6}$ Stunden = 50 Minuten und 25 km ein.

5.

Wir lassen zunächst die 4,5 km weg und berechnen, wann und nach welcher Strecke Susanne von Claudia eingeholt wird.

Beziehungsgleichung: $15x = 12\left(x + \frac{1}{12}\right)$; $x = \frac{1}{3}\text{ h} = 20\text{ min.}$

Wegstrecke: 5 km

Claudia kann Susanne auf der 4,5 km langen Strecke nicht mehr einholen.

6.

Beziehungsgleichung: $120x = 90\left(x + \frac{1}{2}\right)$

Nach $1\frac{1}{2}$ Stunden oder 90 Minuten wird Ede festgenommen.

7.

Beziehungsgleichung: $25x = 20\left(x + \frac{1}{6}\right)$

Sven kann die Wette nicht gewinnen, denn er würde Marc erst nach 40 Minuten und $16\frac{2}{3}$ km einholen.

Lösungsplan 4 – Vermischte Aufgaben zu linearen Gleichungen

1.

$7(x - 3) = 3x - 7$; $L = \{3{,}5\}$

2.

$180° = 3\,\alpha + \alpha + 3\alpha - 65°$; Die Winkel sind 35°, 105° und 40° groß.

3.

Sachbücher: y; Beziehungsgleichung: $2y + y + y + 2 + 2y - 6 = 74$

Es sind 26 Romane, 13 Sachbücher, 15 Schulbücher und 20 Taschenbücher.

4.

Beziehungsgleichung: $140x = 120\left(x + \frac{1}{12}\right)$

Nach $\frac{1}{2}$ Stunde und 70 km holt Charlie Werner ein.

5.

$4(x + 1) = 6x - 8$ oder $4(x + 1) + 8 = 6x$; $L = \{6\}$

6.

Julia: x; Beziehungsgleichung: $4(x + 1) = 38 - x + 1$

Frau Siebert ist 31, Julia 7 Jahre alt.

7.

Beziehungsgleichung: $4{,}5x + 2{,}7x = 6$

Sie treffen sich nach 50 Minuten und haben $3\frac{3}{4}$ m bzw. $2\frac{1}{4}$ m zurückgelegt.

8.

Flächeninhalt: $A = 54\text{ m} \cdot 18\text{ m} = 972\text{ m}^2$

Die andere Seite ist 32,4 m lang.

9.

Florian: x; Beziehungsgleichung: $4(x - 6) = 3x - 6$

Herr Kaiser ist 54, Florian 18 Jahre alt.

10.

Evas Taschengeld: x; Beziehungsgleichung: $x + x + 2 + 3x = 17$.

Eva bekommt 3 €, Timo 5 € und Vera 9 €.

11.

$9x - 7 = (x - 1) \cdot 11$; $L = \{2\}$

12.

Beziehungsgleichung: $300x + 325x = 500$

Sie begegnen sich nach 48 Minuten und sind dann 240 km bzw. 260 km weit geflogen.

13.

Der Rahmen ist 19 cm hoch und 26 cm breit.

14.

Anzahl der Pralinen im kleinsten Kasten: x

Beziehungsgleichung: $x + 2x + 2x - 6 = 99$

Die Kästen enthalten 21, 42 und 36 Pralinen.

15.

Mutter: x; Beziehungsgleichung: $2(x - 30) = 84 - x - 30$

Die Mutter ist 38, der Vater 46 Jahre alt.